U0458093

KAWAI HAYAO

中年危机

ちゅうねんきき

〔日〕河合隼雄 著　李 静 译

上海三联书店

目录

译者的话

中年是一个很复杂的人生阶段。经历了之前的奋斗，理应进入稳定时期，却好像烦恼不断。

年轻时为了在社会上安身立命，注意力都在外部。且那时生命力足够强大，加上人生任务之紧迫，往往无暇顾及生活的真实面目。一旦转向下坡时，真相突然显露在眼前。

上有老、下有小；事业已经能看到尽头，即使想再奋起一次，体力却在走下坡路；婚姻危机；健康问题；对衰退的恐惧……"危机"好像正是用来形容中年的。

中年到底怎么定义？身陷"危机"该如何自处？

河合隼雄先生在这本书中给了我们珍贵的提示。人生不是一条向上的直线。人生好像要翻两座山。年轻时翻过第一座山后开始走下坡路的中年，不妨放慢节奏，把眼光从外界收回到自己的内心，审视自己、在下降的过程中提升自己。度过一个好的中年，等同于为爬另一座山做了充足的准备：迎接衰老、迎接死亡。就像在《日渐衰老意味着什么》那本书里启发我们的那样：知道怎么老去，才知道怎么让年轻力壮的年代更加精彩；知道死，才知道怎么活。

从这个意义上说，中年，蕴藏着人生最丰富的危机。

这本书最直接的对象是站在中年入口处或刚步入中年的人，但对已认真度过、或稀里糊涂度过中年的人来说，同样是一本可以处处受益的书籍。人生，随时补课都不算晚。译者已过中年，虽说早年就曾经读过，这次翻译更是字字句句细细咀嚼、反复修改，但仍有很多内容理解不到位，日后还需时不时地拿出来学习。时过境迁，无疑会有全新的体会。

　　这本书的构成比较特别。因为河合隼雄先生作为心理咨询师，有着严格的保密义务，使用现实中的真实事例非常受限制，所以这本书每一章都选用了一部文学作品（或长或短），以原著为基础展开论述。因此，我也在翻译的过程中得到一些附加的收益。不仅借此机会读了所有选用的文学作品，而且切身体验到当文学家们遇到心理学家时会发生什么。

　　回头看了一下记录，起笔在2022年2月。一般来说，每次文字翻译及初步修改结束后，我都会有一段比较长的时间，远离原文、远离初始的翻译文字，以便脱离日语行文习惯的影响，让脑子回归到比较自然的中文环境中以后，再开始后期的修改。但这次将近两年的时间跨度还是让我稍稍吃了一惊。确实，这本书难了一点，但无论是翻译还是读书，再难，也难不过每个人不同程度地需要面对的中年危机。

翻译很难，从零开始读每一章选用的文学作品也相当不容易。不得不承认，没有翻译任务的话，其中有不少作品我是不会主动接近的。比如说《砂女》，开篇不久就令人窒息、喘不上气，读到中间更是提心吊胆。仅凭自己，可能很快就会放弃了。感谢河合隼雄先生给的机会，让我读完、翻译完相应章节后，竟然还产生了再去仔细读一遍的想法。

以上所说都为了表达一个意思：《中年危机》值得读，值得静下心来好好读。正像卷末养老孟司先生所表达的那样，书的内容太过优秀，无心再去读原著。"这么绝妙的解说，从某种意义上来说真不太好。如果事先没有读过原著，绝不能读这种解说。我自己当时就不由得在心里嘀咕：要是山田的小说根本没有解说讲的那么精彩，可怎么办？"

李 静

2023 年 12 月 28 日于上海

前言

　　本书，我们聚焦中年问题。每一章都选取一部文学作品作为讨论相关问题的线索。中年，也可以说是壮年。在这个年龄段，既可以说意气昂扬，遇到什么问题都不在话下，也可以说蕴藏着相当的危机。尽管对中年问题一直有很多甚至是视点完全相反的论说，但特别强调中年危机还是近年来的事情。为什么会这样呢？方便起见，我们先看一下到底该怎么把握中年吧。

　　心理学的构成，一般从婴幼儿心理学出发，随后是儿童心理学、青春期心理学等。以往，主要着眼点放在人类的成长过程，近年来开始思考老年人的问题，就形成了老年心理学。但看一下日本的大学，现在好像还没有一家在讲授《中年心理学》吧。这也反映了学术界的普遍观点，认为成年以后人的状态很稳定，没有什么变化也就没有多少研究价值。

但也有例外。瑞士的分析心理学家卡尔·古斯塔夫·荣格，就非常重视人生的中年阶段。他经常说起，到他这里来做心理咨询的多是中年以后的人。而且非常令人深思的是，其中约三分之一的来访者，根本看不出有什么问题。硬要鸡蛋里挑骨头，或许只能说他们的问题在于对外界"适应得过于好了"吧。这些人在财产、地位、家庭各方面，岂止没有问题，跟社会整体情况相比，都可以说境遇相当好。但他们具有共通的特点，要么"总是觉得缺点儿什么"，要么时时受"莫名其妙的不安"困扰。

荣格在与这些来访者面谈的同时，结合自身的实际体验，渐渐意识到，在中年阶段人生会经历一个重要的转折点。他把人生分为前半部分和后半部分，认为如果说前半生的主要目标是确立自我、赢得社会地位、结婚育儿，那么通过完成这些人生目标，建立起符合公众标准的地位以后，后半部分就会转向追求自己的本来面目了。在人生后半阶段，应该通过努力寻求类似于"我从哪里来？要到哪里去？"这样根本性问题的答案，为迎接人生的终极课题——"如何接受死亡？"做好准备。就像太阳高高升起后开始落下一样，中年同样是个转折点。如果能认真着手应对前边提到的这些人生课题，那么就有可能体验到"下降过程当中的提升"。正像这个悖论所暗示的那样，人到中年的大幅度转折会伴随着相当的危机。

艾伦伯格[1]是一位精神科医生，在对弗洛伊德、荣格等深层心理学家的人生进行了绵密、周详的调查以后提出了"创造性疾病"的观点。意指凡从事伟大创造性事业的人到了中年都会经历非常严重的病态体验，往往在克服了这种

---

1 亨利·艾伦伯格: Henri Ellenberger，1905—1993，加拿大精神病学家、医学史学家、犯罪学家，被认为是精神病学史的奠基人。主要著作有《发现无意识（The Discovery of the Unconscious）》等。

疾病之后，创造活动会有突破性的进展。弗洛伊德曾经苦于自己的神经症，荣格的病态体验甚至能让人联想到精神病。为了克服这种疾病，两个人不约而同地努力探索自己的内心世界，探索过程中思考清楚的内容成为日后构建他们各自理论体系的基磐。艾伦伯格提出的"创造性疾病"的观点也得到了其他学者研究成果的支持，明确了人到中年时，身体的疾病、突发事件等等都具有这样的意义。

在本书中，我们参考了夏目漱石的两部作品。夏目漱石也可以说是切实体验过"创造性疾病"的人。《修善寺大患》就是其例。因为溃疡大量吐血，接近死亡的体验极大地改变了他的风格，丰富了往后作品的深度。这大概是公认的事实。我们书中选用的《路边草》是他晚年时的作品。书中选用的素材尽管是他"大患"之前发生的事，但他用经历过"创造性疾病"以后的眼光来看待一切，感悟的深度不可同日而语。不同于弗洛伊德和荣格是罹患了心灵的疾病，夏目漱石虽然形式上是身体的疾病，这次的大病体验同样成为他日后创作活动的源泉。对这一点大家可能不会有什么疑问吧。

与这些伟大的人物相比，我们这些"凡人"也留不下什么传世之作，但无论是谁都有着自己的个性。如果特别关注如何活出不同于别人的人生，那么可以说，每个人的人生本身就是自己的"作品"。也就是说，无可替代的人生是我们自己"创造出来"的，在这个意义上，可以说每一个人都在从事着"创造性活动"。按照这个思路可推出结论：无论是谁都有可能罹患"创造性疾病"。

再者，我们还要关注为什么是生活在现代的中年人产生这么大的问题？这背后或许有一个不可忽略的因素：平均寿命的延长。在"人生五十年"是常识的年代，人们辛勤劳作一辈子，活不活得到六十岁都很难说。所以说，在现代人们多数能活到八十岁左右以后，人生的模式就有点变得像爬山一样，不仅需要奋力攀登，登顶之后还得下山。现在用"效率"的标尺衡量人生的情形好像越来越多，而中年往后，无疑效率会大大降低。仅仅从"效率"的观点来看，意味着现代人要在"效率相当低下"的状态中活很久。人生走入这个阶段，无法再像年轻时一样，奋发向上、高效生活。从此，无论生活方式还是人生观、价值观都需要做出改变。荣格所说人生的后半阶段必须找到具有自己特点的生活方式，其含义也就在这里。为此，从中年开始我们就需要做好足够的心理准备。这么看来，人生不只是爬一座单峰山，前路好像有两座山峰。人生前半阶段翻越第一座山峰，来到中年以后，就要为爬第二座山峰做好准备。

处于中年危机阶段，就算不主动去解答上述根源性问题，也经常会经历某种形式的转折。具有这种体验的人们，多少都有些抑郁症倾向的苦恼。以前一直觉得很有意义的工作，突然之间失去了吸引力，完全提不起兴趣。抑郁症状严重的甚至会有自杀倾向。这些人来咨询，咨询师一边全神贯注地听着他们的诉说，一边努力思考着眼前这个人的人生需要什么样的转换呢。某人对工作倾注了全部热情，加上能力出众，超越同龄人早早就晋升为部门负责人。得到提拔，本人很高兴，可偏偏在这非常值得庆贺的时候，突然间感觉工作是那么枯燥无味，再也提不起精神了。一直处于一种无力状态，内心愧疚，感觉非常对不起赏识自己的公司，要求撤掉自己的职务却得不到许可，一时间甚至绝望到想死。

仔细听着来访者的叙述，慢慢了解到以下的事实。到目前为止，所有完成得非常漂亮的工作基本上他都是一丝不苟地按照上司的指示行事，加上自身的韧劲，做出非常好的成绩。按这种方式工作，自然表现出众。但被破格提拔以后，他成了需要给别人下达指令的人。手下有些人对工作并不热心，有些人互相对立、互相拆台。照搬他自己的经验，理所当然地认为部下接到他的命令就会全心全意地投入工作。

可如今面对这些根本不拿工作当回事的人，作为管理者，真是束手无策。也就是说，晋升意味着他的工作性质发生巨大变化，而他本人却没有跟上。在咨询室里谈话的过程中，他自己慢慢理清楚事态变化的机理，找到对应新工作的方法。这时候，抑郁症状渐渐消失。从抑郁情绪中解放出来以后，便以更加高涨的热情投入工作中去了。

这算是中年危机的一个例子吧。不管怎么说，现代社会的变化越来越快，很多人会因为跟不上外界变化而迎来中年危机。不仅仅是职场，在家庭中也会迎来夫妻关系、亲子关系的变化，难以适应这种变化也会引发中年危机。如果固执于某一种观念，试图以永不改变的观念生活一辈子，一般来说很难行得通。中年时期人总要经历某种形式的人生转折。

本书是在考虑以上所述内容的基础上写成的。但为什么采用以文学作品为线索的形式，还需要作一些说明。像我们这种职业的人，有着严格的保密义务，绝对不可以在公开场合谈论来访者的情况，因此本书采用通过文学作品来讲述的方式。读过本书以后就能明白，这不是单纯地"利用"小说。文学作品绝对不是可以简单被"利用"的东西。确实有些作品好像有"利用"价值，可以用来代言自己想说的事情，但读来很难让人感动，没准儿这一类作品的文学价值本身就不高。

为了写这本书，连续读了不少小说。自己没能感动的作品，无论多么便于拿来讲述自己的观点，都没有收进来。另一方面，能让自己动心的作品，也没有办法作一般意义上的"分析"和"解析"，应该说是在跟每一部作品进行"格斗"——或许这才是"解释"的真髓。"格斗"的结果都展示在这里了。但因为每一部作品的性质、作者自身的能力等因素的影响，加上作者本人感动的种类、感动的强度也纠缠其中，呈现在这里的每一章，成色都不尽相同。想来读者也能够感觉得到。

综上所说，本书既不是文学作品的推介或是评论，也不是在深层心理学的教科书中使用文学作品作素材。这本书，是基于我自己的亲身体验（也包括我曾遇到过的很多人的体验），在"中年"这个背景下，经历了与各种文学作品格斗后得出的结果。读者如果能抓住这本书提供的一些线索，按照各自不同的想法去品味文学作品、去思考自己的人生，我将深感荣幸。

第一章

人生的四季——夏目漱石《门》

山崖下边的家

《门》的主人公名叫宗助，和自己的妻子阿米两人与世无争地生活着。夫妇关系看上去很融洽，虽然没有孩子，好像没因此产生什么问题，每天的日子就这么平稳地过着。但书中对他们两人住的家却有这么一段描写。

拉开起居室的隔扇门就是客厅了。因客厅南边有玄关大门挡着，对刚从阳光下进来的人来说，另一头的采光隔扇拉门映入眼中就显得有那么点冷峻。拉开这扇门，能看见直逼外廊屋檐的斜崖拔地而起，早上理应照射进来的阳光几乎全被遮挡住了。崖石上长着草，底下没有垒任何石块加固，看上去不知什么时候就会倒下来的样子。但很不可思议的是到现在还从未出过什么事，所以房东才长时间放置不管吧。

这个家好像房间数量蛮充裕的。但客厅的南边被大门挡着，外廊又被贴在眼前的山崖紧逼。这块崖石"很不可思议的是到现在还从未出过什么事"，但总给人一种不知什么时候会塌下来的感觉。这个"家"的描写确实富有象征意义。

说没问题呢也没问题的样子，但总让人担心哪天下一场大雨会不会山体滑坡制造一场灾难。这简直就再现了"中年之家"的某一种典型特征，不知在哪里好像潜藏着某种危险。

读《门》，眼前甚至能浮现出宗助和阿米夫妇肩并肩、安静地一起过日子的样子。但在看上去很和睦的夫妇头上，隐隐约约笼罩着无名的阴影。读者急于知道"这究竟是什么？"读到三分之二，终于发现了重大的秘密。知道了阴影的真相，总算明白了：原来是这么回事啊！

阿米原来是跟宗助的好朋友安井结婚的。宗助背叛了朋友、阿米背叛了丈夫，两人结为夫妇。显然，这样的婚姻是没脸见人的。

回想起当时的情形，宗助感到

一切都是生死之战，就像把青竹放在火上灼烤要榨出油一样的痛苦。大风突然把两个毫无准备的人吹倒在地，爬起来后放眼望去，只剩下黄沙遍地。他们接受了当下只剩黄沙的穷境，但不知道将来什么时候又会被狂风吹倒在地。

......

揭露丑闻的阳光直射到他们眉间时，他们已经完全度过了道德苛责式痉挛的痛苦。他们直挺挺地伸出苍白的额头，接受火焰似的烙印。他们领悟到，无论走到何处，两人只能被无形的锁链捆绑着，步调一致、携手向前。他们抛弃了父母。抛弃了亲戚。抛弃了朋友。往大里说，就是抛弃了正常的社会。或许应该说是被这些抛弃了吧。

背负着这样的过去，两人一起生活着。怀揣着"崖石"不知何时会倒下的不安，生活着。但一个在这里生活过二十年的杂货店的大叔极力想让他们相信："这块石头绝对没问题。无论什么情况都不会出事的"。到底，谁对呢？

中年危机在意想不到的时候登门。比起同龄人更早升职加薪、出人头地的精英突然自杀。总算盖好了梦寐以求的新家得到大家祝福时，家里的主妇却陷入抑郁。出人意料的事故、疾病的打击经常就这样突然降临到原本平稳无事的中年生活中。从我的职业角度来看，每当跟这样的人、这样的家庭成员交谈时，脑子里就会浮现出"山崖下中年之家"的图像。

潜在的 X

《门》当中，绝妙地描述了宗助与阿米和睦的夫妇关系。对话中，饱含着互相关心的感情。在这关系中不一定能看到西洋式的相爱，但两人的关系无疑是牢固的。"夫妇宛如在沐浴不到阳光的世间，受不了寒冷而互相抱在一起取暖那样，你我相依为命"。

刚才说到的夫妇的"秘密"对两人来说是

沉重的负担，但反过来看，不正是这个负担才把两人紧紧地捆绑在一起吗？如果没有这个负担，宗助弟弟小六的出路、叔叔遗产相关的争执这些生活中的琐碎破事，加上宗助看到"崖上"坂本家的体面生活以后，这对夫妇还能一如既往地"你我相依为命"和睦地生活吗？很可能，比起书中描述的温和的宗助，阿米或许更会被性格粗犷的安井所吸引。陷入苦恼的宗助可能不想与阿米或者安井直接冲突，独自跑到禅寺试图解决问题。但禅寺也不可能给出答案，这种情况下，阿米抛弃的没准儿是优柔寡断的宗助，而不是安井了。

也就是说，作为宗助和阿米之间的"过去"所讲述的内容，既可以是他们的"现在"、也可以是他们的"未来"。这是中年夫妇"内在"的永恒课题，不知什么时候会以什么样的姿态显现出来。对所有的中年夫妇来说，"突然把两个毫无准备的人吹倒在地"的狂风，早已潜藏在他们的内部世界。

幸抑或不幸，宗助和阿米因为过去的经历，已经体验到类似狂风的存在。这种认知带来的痛苦支撑着两个人的共同生活。狂风本身就常年蛰伏在我们内心，并不是产生在过去、现在或者将来的某一个时点，也不能靠分析因果关系得出解释。漱石在这里是想写这些吧：永恒地存在于自己内心的根源性的不安，因察觉到这种不安而产生的沉重苦闷。在情节构成上，直到相当后边才把秘密写出来，可能也是这个意图。大概他也受不了读者把《门》图解为"因为有了前边的事件，所以夫妇两人才会像现在一样生活"的模式吧。

很多夫妇拿着"原因—结果"的思考方式作为武器，整日重复着互相攻击。妻子抱怨，就因为丈夫成天喝酒，日子过得拮据、把家里的气氛搞得这么压抑，所以孩子才会学坏；或者丈夫指责妻子，都是因为你成天不好好待在家里，所以孩子才对学习失去兴趣，不愿意上学了。确实，逻辑上能说得通，丈夫饮酒、妻子外出过多，看上去确实是问题的原因。

这时候，如果一方沉默不反驳，争吵就会结束（当然大多数情况下，情况也不会好转）。如果另一方也咽不下这口气，就会进一步："你知道不知道我为什么要成天在外边喝酒？""我为什么成天想出门，恐怕你比谁都清楚吧？"对话进行到这一步，展开的逻辑推理基本上会是："都是你的错"。也就是说，两个人都想说明自己没错，错在对方。两人在力气大小、音量高低、舌头翻转速度快慢方面能够较量出胜负，但问题依旧留在那里，纹丝不动。

按照"原因—结果"的模式作逻辑推理，或者按时序排列找到先后关系，其实都无法触及内在问题的本质所在。在结为夫妇的瞬间，一个看不到清晰面目的 X 就潜伏下来。非要揪出一个原因的话，这 X 可以称为原因吧，但实际上也有可能是个永远的谜。倒是宗助和阿米，在结婚之前就已经窥见 X 的一鳞半爪。

"他们直挺挺地伸出苍白的额头，接受火焰

似的烙印。他们领悟到，无论走到何处，两人只能被无形的锁链捆绑着，步调一致、携手向前。"换句话来表达同样的意思，可以这么说："他们两人满面幸福地微笑着向前迈出一步，接受神父的祝福。然后交换戒指，发誓无论走到何处，都要步调一致、携手向前。"跟结婚仪式的描写是不是完全重合了？这就是夫妇。结婚仪式背负着双重的意义。

父母未生之前

在刚才引用的原文中，后边还有："他们抛弃了父母。抛弃了亲戚。抛弃了朋友。往大里说，就是抛弃了正常的社会。或许应该说是被这些抛弃了吧"。上下文看下来，这几句话给人非常黯淡的印象，但我们应该了解，跟结婚仪式一样，这段描述也可以用很多华丽的罗曼蒂克爱情式的语言来替换掉。也就是说，以"相爱""受到大家祝福"的婚姻生活，同样怀抱着与宗助和阿米相同的人生课题。

他们两人的情况确实有些特殊。一般来说，新婚过后的一段时间内可能还对 X 毫无察觉，但等到进入中年，两人终于发觉夫妇之间这个莫名其妙的存在。X 以各种各样的形式现身。比如说，夫妇中的哪一方有了新欢、疾病、事故、灾害……形形色色、不一而足。到了现代，更加频繁地表现为孩子的问题。关于这一点，还想能找其他机会详尽讨论，但基本上可以说，很多最初看上去是孩子的问题，深入下去就能觉察到原来是夫妻之间出问题了。这种情况比想象的要多。

但说到宗助和阿米就不同了，可以说他们结婚伊始就意识到 X 的存在。

两人都隐隐约约地感知到在自己内心的某个部分潜伏着外人无法看到的像结核一样的恐怖东西，却又故意装出一无所知的样子相互面对着过日子，直到现在。

明明知道却装作什么事都没发生过，可惜这种状况并没有能长久持续下去。

前一阵子宗助无意中与"崖上"的坂井家开始有了一些来往。男主人对宗助表现出好意，提出让宗助的弟弟小六到家里来给他当书记员吧。宗助无意中给弟弟找到这么好的差事，不胜高兴。坂井说自己的弟弟也要来，不妨也见见。可没想到坂井接下来说弟弟还会带一个叫安井的朋友一起来，让宗助大吃一惊。说偶然当然是偶然，那个安井和坂井的弟弟相识，一同来坂井家做客。

偶然性也太强烈了。为了让过去的切肤之痛再次显现，为了能遇见一般人们不可遇的偶然，自己竟然成为在千百人当中被命运选了又选而挑中的人物。宗助想到这里就痛苦不堪，且愤慨不已。

中年危机时常在不经意间"偶然"降临。人们都痛恨、诅咒这种"偶然"，宗助也不例外。"为什么偏偏是我"偶然遇到这个交通事故；谁都不可能知道的做坏事现场，为什么偏偏还被熟人撞见了，类似的故事有很多。毫无疑问，都是偶然事件，但听下去经常能感觉到在当事人身上有一种"内在的必然性"。有人抱怨运气不好，怎么就把这件丑事搞得大家都知道了呢。但很多例子时常都会给人一种感觉，使人不由得产生如此想法：这件事真的是"应该被发现而被发现的"。

宗助终于下定决心去拜访禅寺。交了一份十天的请假条后，特意到镰仓去拜访寺院。宗助在那里拜见老僧，得到了参禅的课题："父母未生之前的本来面目究竟是什么？可以思考一下这个。"

宗助手捧线香经过正殿前走进派给自己的六帖禅室，心不在焉地坐下。照他的想法，老僧给的课题跟自己的现实也太不沾边了。就好像自己腹痛去看医生，诉说症状后，不知道医生怎么想的，对症疗法竟然是让他解复杂的数学题。还告诉他"好好想想这道题怎么解"。让我好好解数学题，也不是不可以，可肚子疼成这样，这就未免不合情理。

宗助到底为什么要去禅寺呢？或许是因为他忍受不了自己内心的不安，但更准确地说，应该是想把自己从现状中解救出来的愿望促使他走进禅寺。不要总是处于一种不安定状态、总是被偶然的力量摆弄。想要解救自己，解救之路上应该有一个叫作"开悟"的东西。

他被"开悟"的美名蒙蔽，试图尝试一种与自己生平不符的冒险。

只可惜，他的努力并没有收获。苦思冥想，也搞不清楚"父母未生之前自己的本来面目"究竟是什么。这真的就像是想让医生治好肚子痛的人拿到了一道难解的数学题一样。宗助终于死心，离开禅寺回家了。

他好像带着"站在门外伫立等待"的命运被生到这个世界上。（略）他不是一个走进门的人，也不是一个不必进门的人。简单说来，他就是一个呆立在门下等待日落的不幸之人。

这段话形象地描述了宗助无论怎么使劲儿都不会有起色的人生。如果我们思考"中年之门"这个课题，那么是否可以说，对所有的中年人来说，"门"具有这样的特性。宗助觉得在禅寺继续熬下去也没什么意思，就回家了。那以后，不知怎么就觉得所有事情好像一点一点地有了转机，给人一种春天就要来了的感觉。这又是为什么呢？

宗助拿到"父母未生之前的本来面目"的禅问课题，感觉好像是一道永远也解不出来的数学难题，拼命也没想出来答案。我对禅学所知甚少，这里只简单谈一下自己随意的想法。我们前边说到的X，不正是"父母未生之前的本来面目"吗？前边说到这个X存在于夫妇之间，却是夫妇各自内心所持有的。明明知道所行之事是不道德的，知道会被社会抛弃，但还是不惜背叛友人也要和阿米结合在一起。两人不知不觉中被横扫一切的狂风刮倒，在安井的阴影中缩手缩脚地生活，不正是他们"父母未生之前本来的面目"吗？这种认知仅靠脑子是想不明白的，问题的答案不就是现实中正在进行的生活吗?

某位禅僧曾对宗助说过:"有一句话叫舍近求远",如果能悟出自己现在的生活就是"父母未生之前本来的面目",就不用特意跑到镰仓找答案了呀。

春天已经来了

中年危机总是在毫无防备的时候突然降临,经常也会以不可思议的方式化解掉。但这不等于说我们什么也不用做,只要消极地混着就好。就像宗助那样,和阿米两个人互相体谅,日常生活中事无巨细温和地交谈着,到镰仓去尝试坐禅等等。在做这些事的同时,不知不觉就像冬天过去春天就会来了那样,冰消雪融,问题也都慢慢消失了。

很巧妙地躲过了和安井见面的尴尬,把小六托付给坂井家作书记员,与叔叔家的麻烦事也找到了解决办法,生活方方面面都稳定下来,工资也涨了 5 元。

阿米透过映在采光隔扇门上的灿烂的阳光往外看去，说道：

"真好啊，不知不觉春天已经来了"，心情愉快地挑起了眉毛。宗助走到回廊坐下，一边剪着长长的指甲，一边回答道：

"嗯，但是过不久就又是冬天。"

这是《门》的结尾。有一个名句："冬天已经来了，春天还会远吗？"这应该是年轻人的句子吧。对中年人来说，"春天已经来了，冬天还会远吗？"

忍耐了寒冷的冬天之后，春天终于来了，随之还会迎来盛夏。按这样的顺序生活，构建自己的人格，是前半生的任务。但走到人生后半段时，剧本变成了"春天已经来了，冬天还会远吗"。这时候，超越了已经知晓的自我，"父母未生之前的本来面目"开始活跃，危机来临。危机既是分歧点，也像山棱线一样把空间一分为二。跌落到棱线的哪一边，之后的人生会截然不同吧。棱线，真可以说人生的岔路口。"啊呀，那时候要是没碰到那个家伙就好了……""那一次我要是没签名盖章就好了……"我们经常能从遭遇危机、滚下悬崖的人那里听到这种事后的哀叹。但这些都不单纯是人生的失败，是"父母未生之前的本来面目"在提醒我们：朝这边看看！

以"春天已经来了，冬天还会远吗"的心态生活，在冬天看到春天、在春天看到冬天都会成为可能。认为季节一定是按照春夏秋冬的顺序轮番出现，将春与夏、夏与秋严加区别，可以说是属于年轻人的想法。学会在冬天里体验到春天、在春天里体验到冬天的中年人，才能平滑地走入老年。人生已经走到冬天，但在其中可以看到春夏秋冬，老后的生活才有可能丰富多彩。

宗助费尽心力前去敲"门"，但门并没有为他打开。他有自知之明，知道自己不是那种"没必要进门的人"，但费尽力气也进不去，终于看清楚自己"呆立在门下"的狼狈样子。不过，说到底，中年的"门"不就是这样吗？轻而易举地进去，没准儿不当心就跨进冥界。就算没有马上踏入那个世界，很可能一下子就进入老年了。

既进不去又走不开，站在门下，左右为难地做各种尝试的过程中，才能一点点、一点点地看到一些光明。

可能有人会说，中年就是壮年，哪里来那么多阴暗的话题。这也挺好，不过既然来人世走一趟，只看到过春天也太可惜了。春夏秋冬的风情都体验体验，多有意思。

（原著部分引自新潮文库《门》）

第二章

四十之惑──山田太一 《与异界人共度的夏日》

走在山棱上

人到四十就像是走在山棱上。无论是往左还是往右，稍微踩错了一点点，都是无法预想的后果。而且，往右往左，看到的景色也会迥然不同。

要思考四十岁的意义，无论谁可能都会联想到孔子的名言。

三十而立

四十而不惑

五十而知天命

把关于四十岁前后、从三十岁到五十岁的说法罗列在这里，读一遍，不由得心生佩服。到底是圣贤，孔子的人生真是活得明白。静下心来再想想就能体会到，这样的话可不是随便谁都能轻轻松松地说出来的。

三十而"立",这个"立"是我们平常说的"已经自立了"吗?"四十而不惑"不就很明确地告诉我们,自立以后到四十岁都还是一直处于困惑状态吗?那么自立以后,我们究竟在困惑什么?不管怎么说,姑且认为到了四十人可以走出困惑就好,接下来的"五十而知天命"又明确指出,在这之前人是不知天命的。已经走出困惑,却依然不知天命,那所谓"不惑"是真的"不惑"吗?

这样想下来,所谓"四十而不惑"并非不可撼动。只能说基本上可以做到"不惑",但基盘还不是那么稳固。让已知天命的人看来,你真是还什么都不懂呢;反过来,走在朝气蓬勃的自立之路上的年轻人,觉得中年人成天磨磨叽叽到底想要干什么?两头受夹击,还不得不逞强:"我看万事已经不被迷惑了"。这就是四十岁的处境。这么看下来,就能明白四十岁的意义,也能体会到走在四十到五十这段道路上的一些困难。其实,现在人的寿命不断延长,把超过五十岁的人也算在这个范围内，好像更合实情。

四十岁的"惑与不惑"，与三十而立之前的摇摇摆摆、找不到方向还不一样。造成这种差异的原因在于"不惑"还与随后而来的"知天命"缠绕在一起，三十的"而立"，是为了能站立在这个世界，根本顾不上"天命"什么的（如果在二十来岁的年龄，就开始想着天命，自立的过程就会很艰难）。在这里，我们不去深究"天命"的课题，但从包涵"天命"在内的意义上来说，山田太一的《異人たちとの夏（与异界人共度的夏日）》非常准确地描绘出了四十几岁的困惑。

主人公四十七岁，是一位电视剧的编剧。小说虽以第一人称写，但他的名字叫原田，我们就称他为原田吧。他和妻子离婚以后，独自住在一栋公寓的七楼，这套房子是原田用来当作工作场所用的，离婚后就只好住在这里了。故事从这个场景开始。这个公寓，很多房子都是用作公司办公室的。每天工作结束，晚上也不得不在这里住了一阵子后，原田才发现，大家陆陆续续下班后，楼上楼下就剩下自己一个人了。本来就因为受不了令人窒息的人际关系才离婚，现在能独自生活，多么自在呀。可不知为什么，正应该是自在无比的时候，却感到整栋楼晚上只剩自己，也有点"太安静了"。

离开故土、离开家人，孤零零的一个人，现代社会的中年人很多都品尝过这样的孤独滋味儿吧。即使每天走在大街上、每天和家人一起生活，也不见得就能远离孤独。如今无论男女，若没有孤独的体验，简直就没资格说自己是现代人。当然我们不是说现代人每时每刻都陷入孤独不能自拔，但刻骨铭心地感受到孤独的时刻应该是有的。主人公原田，确实处于一个特殊的阶段，但实际上他依然给我们展现出一个现代中年的标准形象。

人都是很任性的。日常烦心事太多，总想着挣脱粘嗒嗒的人际关系，最好能一个人待着。

嘴上这么说着，真到了只剩一个人的时候，又开始为孤独而烦恼。原田正独自品尝着寂寞时，以前在一起工作过的某电视台的制片人间宫来访。原田像是遇到老知己一样跟他见面，却料想不到他说想要和原田离婚的妻子绫子拉近关系，今天上门是因为觉得事先跟他打声招呼比较好。原田感受着内心翻滚的情感，表面上的词语却不失冷静，临分别时还对间宫说："祝你成功！"

这不能不说是现代中年人的悲剧。如果任由自己的情感爆发，瞬间就失去了人到中年的体面，随后内心也会对自己的失控行为厌恶无比。但反过来，把所有的冲动都硬压下去，像原田那样体面地处理自己的情感，压抑下去的能量又会在不可预知的场景中显示其影响。原田并不例外。在间宫离开以后，一会儿是故意刁难上门打招呼的女性邻居，一会儿是自己被神经官能症折磨得苦不堪言，烦恼不一而足。用适当的方式表达情感，对活在现代的中年人来说算是一个非常困难的人生课题吧。

来访的女性

不管怎么说间宫从原田这里回去了。晚上十点多，心情糟糕透顶的原田家门口，站着一位预想不到的来访者。其实晚上住在这个公寓的不止原田一个人，三楼还住着一位三十多岁的女性——后来她自我介绍叫"ケイ"，汉字是"桂"，发音接近于英文字母的 K。一个人开了一瓶香槟但喝不完，所以来找个伴儿一起喝。"这女子也不是不漂亮"。半夜十点多，美女拿着开好的香槟找上门来。这种状况下，看着鸭子自己跳进锅里[1]，能兴高采烈的都是年轻人吧。到了中年，事情就没那么简单了。当然不排除有些人空长岁数，实际还是个大小孩，不能一概而论。但这时候能衍生出爱情故事的都属于年轻人，不是中年人的那种。

---

1 野鸭火锅是日本冬季受欢迎的餐食。有句俗语为：鸭子扛着大葱来了，意为自己不用努力，好事情自己找上门来。

中年的感情比较扭曲，疑神疑鬼的。有时候反应慢一拍，有时候使力的方向不怎么对头，会生出很多节外枝。本来应该对着间宫以及前妻发的火，趁机都倾泄到无辜的桂身上。原田刁难了她一阵子，无情地拒绝了。虽说我们在这儿也瞎猜不出什么，但如果桂来访在先、间宫第二天才来，事情又会怎么样呢？这一切，好像是一种超出了人类智慧的存在刻意安排的。为了"知天命"，我们不得不投身进不可思议的现象中去。

在孤独一人忍受寂寞就想见见人的时候，连续拒绝了间宫和来访的女性，原田陷入了更深维度的孤独。这种深层次的孤独，会在中年时期造访。对中年来说，甚至可以说是必需品。正因为尝到了深度的孤独，原田才可能有后来的深度体验。

关于这一点我们后边再谈。先来说一下我对"来访的女性"这个意象的观点。众所周知，就像《夕鹤》中所讲的那样，日本的传说故事中，女性主动地寻访男性、求婚、结合在一起、然后女性又悄然消失的模式非常多。这对理解日本人心性有多么重要，我已经在别处讨论过（拙著《昔話と日本人の心（传说故事与日本人的心灵）》岩波书店），这里就省略不谈了。想说的是，在山田太一这本书中同样看到了女性主动来访、然后消失不见的模式，意味深长。可以说，在日本近代文学中也找到了"消失的女性"的意象。

为什么日本有这么多"女性积极主动"的故事？我的看法如下。欧美人生来先是努力确立自我，遇事强调自我主张，而日本完全不是这样。在日本，人们采用了另一种方法：考虑并接受周围的想法，在这个过程中慢慢塑造自己。日本人很少有人一上来就讲明自己的想法，习惯于先看周围的情况、揣摩别人的意见。因此，作为主体的人（男性意象）比较擅长迎合外界客体的主动行为（女性意象），或者有意识地接受外界、然后行动。现实中人们好像更喜欢这种"形式"。

可能有人会说，现在的男性不是很积极地实践着职场恋爱吗？但是，真正的积极是伴随着明确的责任感的，没有这一点，根本谈不上积极，只能说是不负责任的逢场作戏吧。不用负责任，随便玩玩儿，太容易了。

回归故里

孤独越发严重时，原田在街上走着，突然就想去浅草[1]了。浅草是原田的出生地。这种情况很常见。孤独的维度加深，人们有意识或是无意识地，总是想回到自己的故里（不局限于自己的出生地，重点在于心灵的故乡）。然后，原田在浅草遇到了自己的父母。可现实中，原田的父母早在他十二岁的时候就已经去世了！

原田最开始也是半信半疑。他的双亲遇到交通事故时，父亲三十九岁、母亲三十五岁。

---

1 浅草：东京都的一个区。

原田现在遇到的"双亲"就复制了这个年龄，四十八岁（当天是他的生日）的原田感觉很是别扭。毫无疑问他们是自己的父母，行为举止、三人互动完全是父母和孩子的模式。语言也是这样，看上去比原田更年轻的父亲，说话的口气就像个爸爸那样不容置疑。从自动售货机上买罐装冰啤酒递给原田时，嘱咐他"用手绢垫着""别冰到手"，轮到自己的时候却说："老子没事儿，不怕凉"，就裸手拿着。从两人的实际年龄看很是奇怪，但原田感受到久违的"喜悦涌上心头"。

妈妈也不输给爸爸。把四十八岁的原田完全当作一个孩子。吃饭的时候，"把这条毛巾垫在前边啊，会洒的，垫好了啊！"接着就是"看看、看看，一边儿说着一边儿还是洒出来了！"尽管听到的是唠叨，原田和他们告别以后，回想起他们说的每一句话，"所有的一切都是那么甘美如饴"，不断地回味。

漱石在《门》中有一个词，叫作"父母未

生以前的本来面目"。如果这个比较难理解的话，大概比较容易接受"父母既死后的亲子关系"的重要性吧。即使在父母亲已经去世之后，"与父母之间的关系"并没有消失。出乎意料地，这种关系不仅长久持续，而且还会变化。中年以后感觉到自己和父母的关系在发生变化，这样的人应该不少。

离开双亲的庇护、经济上独立、结婚养育孩子，这是三十岁的"自立"。但这只能算是暂且的自立。到了中年会发现，人不会那么简单就自立了。走到这一步，就会被逼得不得不在体验前述的深度孤独中重新审视各种各样的"关系"。这时候，早已经忘到脑后的双亲、和双亲之间的关系，会活生生地出现在脑海中。这鲜明的体验，可能会让我们搞不清楚究竟是"回忆"还是"再现"，或者甚至是此时此地的"新生事物"？

很久以前，有一位到我这里的来访者，幼年时就失去了母亲，人生经历了重重苦难。超越常人般的努力使他获得了成功，得到社会的认可，收入颇丰，过着自由自在的日子。但马上进入中年的时候，陷入抑郁，完全失去了工作的动力，于是到我这里来了。心理治疗的过程中，会开始沉降进自己心灵的深处，这是一个很痛苦的过程。终于，他受不了，决心自杀。一旦起意去死，脑海里像走马灯一样，浮现出幼年时的场景。并不是突然想起来早已经忘记的事实那样，而是当时的光景就在眼前，能够看得见。都是些父母拿他当宝贝、非常宠爱他的场景。这个当事人的事例给我留下的印象特别深。

内心实际经历的体验，帮助当事人打消了自杀的念头，开始考虑人生新的方向并渐渐积蓄起付诸行动的活力——当然绝不是一个轻而易举的过程。这位当事人幼年起就失去母亲的庇护，完全"自立"地度过自己的人生，并获得外界的认可。但到了中年，还是需要一种不同维度的生活方式。这个时候发生的抑郁症状正巧成为促成改变的契机，也是他来做心理治疗的直接原因。

原田在十二岁时突然失去父母以后，"几乎从来没有哭过"。一直尽最大的努力"自立"地活着。但今天漫步在浅草，"突然撞上了不知什么东西，使得当年和双亲在一起的时光得以复活。瞬间，好像常年捆绑在身上的盔甲分崩离析，赤裸裸地站在那里，就想不管不顾地嚎啕大哭一场"。

给自己套上盔甲，咬牙不流一滴眼泪地努力，还不算真正的强者。要想成为真正的强者，还需要脱下盔甲。为达到这个目的，回归心灵的故里是一条必经之路。

多层次的现实

原田在与双亲接触后精神饱满地回家后，前边那位被拒绝过的女子又来了。这次，原田没有拒绝她，自然地发生了性关系。只是，女方因为胸部曾有过很严重的烧伤，一直用毛巾之类的东西遮盖着，而且让原田发誓绝对不能看。原田一直遵守着这个约定。

本来应该很孤独的原田，离婚后没多久就发展出以前从未体验过的"人际关系"，他已经不再是孤零零的一个人了。当然，离婚之前他也有自己的人际关系网。有家，有工作上的来往。但仔细琢磨一下那种人际关系的密切程度跟现在是截然不同的。无论是和父母的关系，还是后来新发展的和桂的关系，都包含了更深层次的意义。在这些情感的支持下，原田的创作力爆发。刚开始着手的一部新电视剧，第一集一百五十六页的剧本，三天就写出来了。他自己也感叹："难得能写得这么顺利"。

但关于双亲，心底的烦恼却无法消除：是不是自己的幻觉呢？早已去世的父母以当时的姿态出现，实在太不可思议了。原田不惜费好大力气去确认这到底是不是"现实"。让父母教自己玩从来都不会的花牌[1]，然后回到家里查百

---

1 花牌：日本的一种纸牌。用不同的花卉分别代表 1—12 月，每种四张，共四十八张，搭配游戏。

科辞典，验证学到的玩法规则到底对不对。结果，父母教的规则跟百科辞典的解说一模一样。原田自己是想不出这些玩法的，不可能是自己编的，那么说明跟父母在一起的时光确实是"现实"了。但以世间常识判断，还是太荒诞了。

原田的困扰，在于他坚信世间只存在唯一正确的"现实"。特别是走到今日，科学技术的发展，人们越来越容易犯这种错误。作为科学的对象——"现实"，可能只有唯一的正确。但"现实"应该是多层次的，很多情况下不存在排他性的唯一正确的"现实"。如何了解多层次的"现实"，如何在多层次中找到能够折中、妥协的场所，正是中年必须完成的一桩艰辛事业。做不到这一点，往后，内心藏着年轻人的心灵，仅仅是徒长岁数，老去、迎接死亡，会出大问题的。

或许有人会觉得：瞎说些什么呀，哪里有什么比自己年龄还小的父母？但这世上是有不少人，到了晚上就去夜总会找比自己年轻的"Mama"，体验一下白天现实生活中绝不可能有的人际关系，吸取能量，重新打起精神开始第二天艰苦的工作。现实中，很多异性之间的交往，前提就是把真心话"藏在心里"才能维持。要说这世上有多少"只要敞开心扉就马上崩溃"的人际关系，真是不胜枚举。

不管它到底是现实还是幻想，反正原田和父母、和桂的关系影响到了他生活中的普通现实，不得不说这种影响确实是一种现实。首先，前边已经说到原田的创造力空前高涨；再者，虽说一开始他自己没有意识到，但身体已经衰弱到让周围人不忍目睹的程度。一旦接触到深层的现实，对表层的现实带来了超出通常维度的正面与反面的作用。

再进一步看看，即使在深层的现实中，也还是存在着纠葛。桂认为原田衰竭的原因在于他和父母的关系，逼着他和父母断绝来往。在"男女"的横轴关系上，重叠着"孩子与父母"

的竖轴关系，结成了一个十字。而且，因为桂跟他挑明了，原本毫无知觉的原田才突然意识到自己的身体状况已经如此恶劣。

桂抱着原田呼喊："救命啊，谁来救救他啊！"她应该是没有宗教信仰的，但发自内心在向着"某个不明所以的存在"祈祷。看着一边哭一边呼救的桂，原田"突然感觉到胸中涌起了对桂的爱"，紧紧地抱住了她。这样的爱，原田迄今为止可曾体验过？正因为有"向着某个不明所以的存在"祈祷的大背景，人与人才能相爱。原田体验了这样的"现实"。但无论如何，好事情总是要付出相应的代价。原田下决心和父母告别。

原田斩断留恋，跟父母说要离开他们。父母露出了悲伤的神情，但也接受了他的决定。妈妈说道："其实我们自己也知道，不可能这样永远持续下去的。"三个人决定分离之前一起去吃一顿寿喜烧。吃饭的过程中，父母的身影渐渐淡去，终于消失不见。原田对着父母越来越淡薄的形象，不断地说着："谢谢！谢谢！非常感谢！"表达着对父母的感激之情。

在适当的时间与父母告别，并且向父母表达自己内心由衷的感谢，能在父母有生之年完成这个任务的人，无疑是幸福的。但即使因为各种各样的原因没能做到这一点，在父母去世后，无论多久，可以像原田一样找到完成这项任务的机会。虽说是非常悲伤的分离，但对每一个人来说都是必要的。

搞些什么呀？

原田跟双亲告别以后，身体的衰竭并没有好转。接着从间宫那里听到一件骇人的事实：桂最初到原田房间门口来找他，被他拒绝的那天晚上，实际上已经自杀了，在自己胸口扎了七刀。也就是说，桂同样是异界的人物。

原田被间宫拉着要走出公寓的时候，桂出现了。她非常愤怒。一边吼着："你还记得我拿着香槟到你房间来的那天晚上吗？"一边要把原田也带上死路。但原田的心已经离开了她，所以她无论如何无法带他上路。桂只能不甘心地说着："抱着你那条没人稀罕的命，苟且活着吧"就消失了。

在《夕鹤》当中，也就是日本古老的传说中，女性来访，总是能随意地跟男性结合起来，然后男性破坏了女性定下的禁忌事项，女方根本不屑生气，自己就消失不见了。这个作品中，主题非常相似，但首次出现了男性拒绝女性的情节。虽说后来也结合在一起了，但男方始终没有破坏女方立下的规矩，只是心已经离开，女方不得不消失。女性愤怒的场景显著地表达了这一层意思。即使依然生活在日本的传统当中，不论男性还是女性，都比以往更加强大了。男性没有对女性俯首称是，而且也能做到不去破坏事先立好的规则，精神上已经强大到可以做到这些了。而女性也拥有了明确表达自己"愤怒"的力量。

但不管怎么说，迎来结局的时候，桂还是

消失了。男性和女性要真正建立起能够互相面对的关系，还是极其困难的。

香槟之夜，如果男性遵从了女性的意愿，总归有一天会出现《夕鹤》的结局。那么，如果原田从间宫那里了解到桂的真实面目后，还是对她抱有情爱、心心相连的话，会怎么样呢？毫无疑问，一定会有一个危及生命的结局。桂和原田能够长久结合，但没准儿原田连命也保不住了。

这么思考下来，间宫就像是原田的分身。离婚后，间宫和原田的妻子共同维系着家庭成员的关系，代表着忠实于现实中的生活，而且间宫具有的现实性解救了原田的生命。但如果基于原田在和他的父母、和桂的关系中体验到的感受，看着间宫的生活方式，没准儿想说："你到底是在搞些什么呀？"但现实中，却是间宫对着原田说："你到底在搞些什么？"原田没有反驳，但心里不由得嘀咕："我没有搞什么啊！"他心中想的是："再见了，爸爸妈妈，再见了，桂，谢谢你们。"人到中年，即使被家里人或者同事说"不知道在搞些什么"，哪怕心里有万般苦衷，表面上多是不加反抗地顺从着。被逼到这一步的中年人不在少数。

一般来说，表层现实的压力非常大，保持沉默是最聪明的做法。但某一时刻，体验一下真心想对某个人表达谢意的感情涌动，能做到这一点，也就是循着自己的困惑慢慢接近"知天命"了。

前边说过，间宫是原田的分身，在他们两人中间有着一条狭长的山棱。走在这山棱上的，正是中年。人生就是攀登从未踏足过的山峰的旅程，迷路、在山脊梁上一脚踩偏，这些无法预测的事情时有发生。有时往右偏一点儿，有时又向左跌下去一点儿，左顾右盼继续前行，才是中年。困惑本身有着自己深刻的含义。

（原著部分引自新潮文库《異人たちとの夏》）

第三章

站在入口处——广津和郎 《神经病时代》

潮汐般的抑郁

说到中年，还真是一个漫长的阶段。这个阶段的入口和出口，有着截然不同的滋味。为什么这么说呢？就像在第一章《人生的四季》中讲到的那样，虽说每个人不同的心态会导致日后的生活走向会很不一样，但还是存在着某种普遍性的倾向。这一章选的作品《神经病时代》绝妙地描绘出了站在中年时代入口处的窘境。这部作品写于1917年，年代相当久远。时代的变迁使得很多细节都不再具有现实意义，但其本质之处有着不变的内容，值得现代人也好好参考一下，没准能对现在的生活有所启示。下面我们一边对作品作一些必要的介绍，一边讨论。《神经病时代》的开头是这样的。

年轻的新闻记者铃本定吉近来深受抑郁情

绪折磨。这种抑郁从不同的方向像潮水一样涌
上他的心头。周围的一切都让他感到无趣、孤
独、不痛快、痛苦……

主人公铃本的抑郁是"从不同的方向像潮
水一样涌上他的心头"。无论家庭、职场还是朋
友之间的关系，都是这样。首先，作品谈到了
他的职场。

他是报社社会新闻部门的见习编辑，光是
每天从四面八方打来、响个不停的电话就让他
感到窒息。拼命地听对方讲什么，有时碰到言
辞模糊的人更加让人头痛。过后要根据电话中
的内容写成新闻稿[1]，不敢稍有疏忽。绞尽脑汁
写了八行的稿子，领导让删减到两行。费了半
天劲再去找领导，报告说"无论如何不能比五
行更少了"。领导接过去一瞬间就能大刀阔斧地
砍成两行，可铃本最想表达的意思也消失得无

---

1 因报纸每天发行早刊、晚刊两次，外出的现场采访记者回到
报社后再写新闻稿影响新闻发布速度。所以文中场景指身处现
场的记者通过电话将新闻内容传达到报社，然后由接听电话者
撰稿、付印。

影无踪。

午饭时的闲聊也是抑郁情绪的来源之一。"每天都是从食物开始，然后议论女人，接着就是金钱，赚的钱不够养家之类的"。每天、每天都这样重复着，没有一点新意。铃本觉得自己太不适应这种生活了，真想隐居到哪里的乡下去。在静谧的环境中"读一读托尔斯泰"，每想到这里，不由得心里暗暗念叨着："自己还是从托尔斯泰的书中得到的教诲最多……"

作为见习记者，天天杂事缠身，非常忙。要给杂役们布置任务，时不时地还得训斥他们，让他们认真干活。可"他就像天生缺乏命令别人的力量"一样，难以胜任。

家里更是，到处埋藏着烦恼的种子。他在差不多半年前开始和一位年轻女性同居，同居之前两人已经有了一个男孩。本来铃本暗中喜欢另外一个女孩儿，处于没有勇气表白的苦闷之中，眼前出现了现在成为他妻子的女性。被这位女性的积极性主导，不知不觉地开始了同居生活。到今天，他为自己如此被动行事后悔不已，可是陷在里边一点儿办法也没有。

在家里稍不注意就会被妻子埋怨："没有人像你一样，不管说什么都是一副不争气的样子。你看看你的脸，没有一点魄力，成年累月，表情都不变一下，一副胆小怕事的假笑。"铃本只能输给妻子。看上去妻子的愤怒就要到达顶点时，一般都会突然转变方向，一场男女的肉体交欢让冲突告一段落。

用身体的结合来解决纷争，好像在刚步入中年时还能行得通吧。不管怎么说，通过这种行为，夫妻互相能够确认"关系"的存在，找到某种意义上的精神安宁。到了中年后期，这办法会渐渐失去曾经的效用，夫妇失和的状况会愈加严重。这是后话。

朋友关系，对铃本来说又是一大难题，让人抑郁的事情太多了。跟以前的朋友一起去咖啡店闲聊，一帮人当中，有的看上去青春的样子一点没变，有的沉浸在艺术当中，有的正在谈恋爱。坐在当中的铃本，"从所有的事情中都能立刻感受到别人的优势，然后被自己零零碎碎的反省折磨得坐立不安"。他就这么闷闷不乐地想着，也不参与大家的话题，被反省的漩涡裹着沉沦下去。

大家要离开的时候，"从定吉的口中突然冒出一句：'我来付账'，然后自己也吃惊不已。为什么会突然说出这么一句话呢？"对自己鬼使神差冒出口的话满心狐疑。定吉一边提心吊胆地在心里盘算着钱带够了没有，一边抢过侍应生拿来的账单，甚至在脸上还强做出适当的微笑，把账付了。结果，这件事又给他造成了新的忧郁。

家庭、职场、朋友，随便提起什么，都让他抑郁，简直就是随时随地"从不同的方向像潮水一样涌上心头"。

站在中年的入口，有些人是会时时受到这样的抑郁情绪袭击，甚至因呈现出抑郁症样的神经官能症症状而寻求心理咨询师的帮助。当然不仅如此，世间仍然有不少与此完全相反类型的人，勇气十足地站在中年的入口。为什么会有这么千差万别的现象呢？

再见吧，青春

人的一生总有几度转折点。有的是小小的转折，有的就比较重大。青春期可以算是很重要的一个转折点，顺利通过这个关口，对任何人来说都是一项沉重的任务。过了这一关，就是"大人"了。话虽这么说，在现代社会，身体已经长成大人并不一定意味着同时成为社会意义上的大人。每当出现这种情况，问题就变得复杂。旧时的各种传统文化，一般都有明确的成人仪式，意味着以此为分界点，一个人就明确地加入"大人"的行列。度过青春期的关口，在个人层面并不需要过多纠结。但到了近现代，到底什么时候、多大程度地成为"大人"就变得非常模糊。

因此，世间就出现了很多活到四十岁、

五十岁还不能成人的"永远的少年"。《神经病时代》中一个叫远山的男人就是这种典型。学生时代成日喝酒,不好好读书,最终没能毕业。结婚后已经有了两个孩子[1],还是找不到固定能做下去的工作。"我把老婆的和服都拿到当铺了,我把老婆的梳妆台也喝了。"即使这样,他还能意气昂扬地宣称:"只要想工作,什么都能做好。一直不工作,是因为我的灵魂比什么都重要。"

反过来,我们再来看看这样的远山有一个什么样的妻子呢?

她真是一个柔顺的女人。住进破旧的大杂院,还要养育两个孩子,生活如此窘迫,定吉在她脸上却从未看到过任何不满的表情。任何时候都悉心照顾着丈夫,并且温柔地养育着孩子。举手投足,从未露出过任何不合礼仪的破绽。

---

1 原作为三个孩子,本书引用时有误。

　　远山评价自己的妻子"具有女王一样宽阔的胸怀"。还真是这么回事,他和妻子构成了一对"女王"和"皇太子"的组合。"永远的少年"需要一个"太母(great mother)"作后盾。妻子起到了相当于母亲的作用,正因为这样与"母亲"的紧密结合,捆绑住他成长为大人的脚步。

　　这样"母—子"式的夫妻关系,在日本的夫妻之中多多少少都有所表现。曾几何时,这样的夫妻关系甚至被公认为是家庭的理想图。但我们只要关注"男性的自立""女性的自立"等问题,就知道这样的模式绝对行不通。任何一方都会感觉到对方是自己"自立"的障碍吧。书中描述的像远山妻子这样的女性形象,到现在可能还被不少人认作"理想的妻子"。只可惜已经很不合时宜了,或者说到中年之前或许还能凑合,往后难免会吃相当的苦头。

　　当然不是说"自立"最好,其他都不好。人世间存在各种各样的理想形象、理想类型,没必要唯某一种至上。但是，不管描绘什么样的理想，都要认识到这个理想不是唯一，而且每一种理想的背面都有相应的阴影。能分辨这些，算是人成长到中年的一个特征吧。

远山自认为"灵魂最重要"，所以才不去工作的。他总想着怎么样能够创造出伟大的艺术作品，但现实却远远不是这么回事，人的灵魂也不是那么单纯的东西。不管怎么说，人在青年时期不会被外在的现实束缚，才会在心中产生那些不切实际的理想。小说的主人公铃本定吉也成天想着要"去乡下找个地方，天天读托尔斯泰"，这么想的时候，脑子里根本没有妻子和孩子。也就是说，把现实抛到脑后了。

人到中年，需要跟这些青年时期的天真彻底告别。现实远远比想象的沉重得多。如果这样的现实从四面八方一举袭来，陷入铃本这样的抑郁状态就可想而知了。内心中，他多次哀叹："这就是生活?!"就是这样，生活的重担总是沉重地压在中年的肩头。

　　站在中年的入口处，大刀阔斧地应对各种状况的大有人在。这样的人在青年时期就对"现实"有了一定的了解，学会一些应对的技巧，才能遇乱不慌，充分发挥自己的才能。对这些人来说，现实生活就是自己活跃的舞台，比起"中年"这个词，"壮年"可能更适合他们吧。这种人在中年后期渐渐感到衰老时会迎来另一个重大的转折点。这类人，他们之前干劲十足，一旦功成名就，就会突然患上抑郁症。关于这种情况，在前言中已略有言及，现在还是回到铃本定吉的故事吧。

　　铃本正巧站在青年时期向中年转换的关口，对青年时期心中尚留有遗憾，抑郁的情绪涌上心头。如果把青年时期的理想都扔掉，那中年简直就乏味透顶。违心成为"现实"的奴隶，即便能获得一时的安宁，也无助于解决任何问题。

　　某一天跟朋友们在咖啡店喝完聊完回家的路上，只剩下远山和定吉在一起。突然间远山邀定吉去色情场所。铃本抗拒不去，酒喝多的远山被拒后口出暴言："看我怎么收拾你这种装模作样的家伙"，抢过铃本的手杖就抢了起来。铃本大吃一惊撒腿就逃，从此落下毛病，一点小事就惊魂不定。对铃本来说，外界就是一个充满恐怖的世界。

暴力的意识化

在报社，铃本独自值班时写的新闻稿登出去后被社长痛骂。定吉不停地对社长鞠躬道歉，但"心里渐渐萌生出从未有过的愤怒。（中略）这家由厚颜无耻、虚伪和欺诈构成的报社"令他气愤不已。渐渐地，就连杂役也竟然敢对他做出蔑视的怪脸，所以他不由得对最年长的一贯傲慢的杂役大发雷霆："没有听见在喊你吗?!"然后惊觉自己已经狠狠地扇了杂役一巴掌。

铃本自己也不知所措，陷入羞愧和自我哀怜的情绪中。他"做梦也没想到在自己的内心竟然还隐藏着如此暴力的因素"。尽管他一直在反省，但事情的走向并没有像他想象的那么坏，反倒有点像是向外界宣示了自己的存在。

同一天，远山又找上门来借钱。铃本没有那么多，就替远山向他们共同的朋友开口。但朋友非常干脆地拒绝了，绝不借给远山这样的人。铃本向朋友强调远山人还是不坏的，朋友态度依然坚决，毫不让步。铃本被朋友毅然决然的态度说服了，打算跟远山说自己也无能为力时，亲眼看见了远山家的窘境。不忍心，又把自己的怀表送到当铺去。钱，借给了远山。

第二天早上铃本要去上班时，妻子发现表没有了，然后开始争吵。这次，铃本一反往常的懦弱，跟妻子论战了几个回合，终于发展到"滚出去""我这就走"的地步。在争抢孩子的过程中，铃本握紧拳头对着妻子的面孔猛击。闹得动静太大，终于引来隔壁的太太拉架。铃本逃出家门，思来想去，也搞不清楚自己怎么会做出这么出格的事情。想马上转回去向妻子道歉，但一想到会遇到隔壁的女邻居，就心生厌烦不想回去了。

铃本一时冲动做出了完全没道理的事情，但后边我们会看到，并没有产生一个绝对的坏结果。很难预想到，经过这一件事，他的妻子对他的态度竟然比以前好了一些。这是为什么呢？

人也是自然的产物。无论是谁，内心可能都隐藏着某种野性。这里说的野性，并不等同于暴力、粗野。在非洲荒原上奔跑的狮子是野性的，原野上开放的堇菜花同样具有野性，更不要说世上还存在着野性的温柔。只可惜，人类在稀里糊涂的文明化过程中，忘掉了自己内在的野性，或者说失去了与野性接触的机会。

铃本作为知识分子的一员，也没能脱俗。生来基本上没机会接触自然野性的事物，特别是失去了野性中常常附带的粗暴的部分。所以，日常妻子对他怨言不断就是一种必然的结果。这些可能是妻子为诱发他的野性而做出的无意识的努力。

铃本不断地受到现实的折磨后，终于慢慢唤醒了自己的野性。这野性首先冲着杂役去了，接着又扑向妻子。我们说这些绝不是要赞美暴力，赞美暴力永远都是愚蠢的。铃本长期与野性绝缘，在不知如何与野性相处时突然间唤醒了野性的感觉，才出现了文中的失控行为。以社会规范能够容忍的方式，活出野性，确实是一件非常困难的事情。

以"暴力"的方式生活，并不等于实施暴力。后者只是人被野性绑架后失控而已，谈不上是在生活。但如此难题，谁都不可能收放自如，都是在笨拙与失败的过程中渐渐成长。因而，铃本的两次暴力行为，从这个意义来说，显露出一些成长的可能性。人需要把自己内在的野性意识化。在青年时期，各种试错的过程或许还可以得到社会的宽容、认可，到了中年，社会的要求就要严厉得多，中年人不得不进行更高一层的修炼。完全不具有野性的中年人，还真乏味无聊。

铃本在他的青年时期很少有机会做这样的练习，到了中年，进程就显得有些急躁了。他打了妻子从家里逃出来，遇到了朋友河野。河野不敢对暗恋的女孩儿表白，郁闷了很久，这一天终于鼓足勇气说出口，但被对方干脆地拒绝了。这样的两人遇到一起，不由得握手共同哀叹各自的不幸。

定吉紧紧地握着河野的手，突然间哭了出来。接着，河野也哭出来了。

这时候该不该责备他们：多大年纪的人了！两人的眼泪可以说是对即将逝去的青春唱的镇魂歌。深深地体验过喜怒哀乐各种情感的激烈变动，中年生活才能富于色彩。可以说，人一旦与野性彻底切割时，就会患上神经官能症。表面上看，铃本对外界的各种都抱着一种恐怖的感觉，这实际上是对自己内心野性的恐惧。他一旦开始与内在的野性产生联系时，恐惧症状就会慢慢消失。

后来报社出了很多事。大家都在猜测社长是不是被政府收买了，才突然之间对编辑方针做了重大转变，言论偏向袒护官方。铃本对此厌恶透顶。刚刚召开国民大会，批判内阁的意见一边倒，于是大家都在担心最近一直替政府说话的报社会不会受到大众的攻击。社长召集全部记者，号召大家下班后留下来过夜，以保卫报社。这时候铃本又看到一幕令人瞠目结舌的场景：社会新闻部的副部长牛岛，日常私下闲聊时，成天批判社长的工作方针，现在却带头响应社长的号召，站出来气势轩昂地大喊："在报社的危急关头，谁能放下不顾呢！"这又给了铃本一次向社会学习的机会：中年以后能获得一定地位的人，每个人都有一套混社会的绝活啊。

面对新的课题

单身无家庭负担的都留下来保卫报社，有妻儿的铃本被派去观察国民大会动向。离开公司到国民大会的现场，看着聚集喧闹的人群，铃本陷入了深深的反思。自己的人生从来没有明确的自我主张，总是被周围裹挟着往前走去。为了重建自己的人生，他下定决心离婚，然后重新出发。在回家的路上，他想象着自己在某一个乡下读托尔斯泰的场景，心情越来越明亮。但想到孩子，突然之间开始纠结。他喜欢孩子，但是妻子可能更加爱孩子。一边在心里不停地权衡着，一边打开了家里的大门。"以前从来没有过的情形出现了，妻子竟然急急忙忙地跑到门口迎他回家，孩子也笑眯眯地站在一边。"妻子说远山因为没有钱付房租被房东赶出来了，领着两个孩子[1]想在这里住一下。但孩子们一直哭闹着要回去，他只好说去外边找个便宜的住处吧，又走了。听到这些，铃本下定的决心又开始动摇了。

妻子一边贴着脸逗弄着孩子，一边说着：

---

1 原作品中，远山共有三个孩子。此场景中，远山的妻子带着最小的孩子回老家要钱去了，因此，远山带着另外两个孩子来到铃本家。

你怎么这么可爱呀。至此，铃本的心里也涌上一股温柔的感情。

"你听我说呀，"妻子又开口了。听到这个声音，铃本不由得把头转向妻子，这声音中有着平时没有的温柔和讨好的音韵。还在跟孩子贴着脸的妻子，垂下眼帘，脸颊上漂着一种羞涩的神情，犹犹豫豫地说道："我，我啊，怎么说呢，好像又有了。"

铃本吃惊不已，在榻榻米上往后跌去。

令人恐怖的绝望，一言难尽的痛苦。但，同一瞬间他就开始想着要给妻子找一个帮忙的女佣了。

短篇小说到此结束。看上去是一个出乎意料的结尾，却真实地描写出站在中年入口处的状况。

铃本切身体验到了"令人恐怖的绝望"，这是看到现实的人生与"到乡下读托尔斯泰"（也就是青年时期）背道而驰时的绝望。同时，也开始关心妻子，因为"新的生命"就要诞生了。对铃本来说，这就是人生赋予他的新课题。他绞尽脑汁找到改变自己现状的解决方案是"离婚"。"爽快的解决办法"总是那么令人心往神驰，但这不是中年人面对生活难题时的解决方案。人到中年，人生往往会叠加上很多新课题，不能正视这些难题，就找不到中年时期的"解决方案"。说得再多也没用，无论如何，只要有勇气面对，努力去解决问题，往往在努力的过程中情形就会悄然发生变化，原有的问题已不再成为问题。对铃本来说，离婚的话题烟消云散，夫妇关系也有了好转的兆头。

实施暴力、下决心离婚、意识到自己内心的暴力倾向，一点点地体验到这些，铃本终于有能力发现妻子温柔的一面。反过来站在妻子的立场上看，对以前的铃本，妻子也难以温柔以待。成天这么一副没出息的样子，看着就让人着急上火，但又不愿意像远山的妻子那样做一个包容一切的太母。正因为妻子不肯包容一切，铃本才一点点地成长起来。妈妈抱得太紧，孩子永远都只能是个孩子。

这篇小说是广津和郎二十七岁时的作品，可以说是他的成名作。广津和郎肯定很早就有了中年人的分寸意识吧。以作者的年龄来看，这部作品中已经有了浓厚的中年味道。不过，到底是年轻时的作品，有一种用年轻人的眼光观察中年的感觉，巧妙地渲染出了中年入口处的气氛。第一章《人生的四季》中引用的漱石的《门》存在于更加深层的地方，甚至连能不能通过都一片迷茫。而这里描绘的中年入口，中年人无论如何都必须勇敢地走过去。

作者自称小说"有一定的夸张和戏剧化"，现在读起来更是有一些时代差距造成的违和感。但忽略这些因素，这部作品无疑精妙地描写了中年入口的情形，在现代也依然有意义。

（引用自中央公论社出版《广津和郎全集第一卷》之《神经病时代》）

第四章

治愈心灵的创伤——大江健三郎《人生的亲戚》

现代人共同的苦恼

无论是谁，内心或多或少都有着创伤。当然也有些人并没有意识到这种伤害的存在，每天自由自在地生活着。一般来说，这样的人经常让别人心灵受伤——虽然很可能并不是有意的。心灵的创伤，从浅表的到深层的，各不相同。这些创伤得不到慰藉时，产生的痛苦，或者为了回避痛苦而呈现的反常行为，不仅使自己深陷苦恼，经常也会伤及周围的人。

那么，内心深处的伤害靠什么方法能得到治愈呢？自古以来，这个任务基本上是由宗教承担。各种各样的宗教以自己特有的教义、方法抚慰教徒的心灵。但到了近代，人们渐渐变得难以相信宗教。与此同时，出现了"心理治疗的方法可以疗愈心灵"的思潮，甚至有人主张这才是真正"科学"的方法。信任这种"科学"的人,或许能得到有效的治疗。但对于不信此类"科学"的人来说,就纯属无稽之谈了。稍微想一下就能明白其中的道理,人类的心灵根本不是靠科学方法就能如何如何的。

那么,在现代,既无法信仰某一种"绝对的存在",也不在形式上隶属某个特定宗教组织的人,到底该如何对待自己的心灵创伤呢?在我看来,即使当事人不从属于宗教团体,治愈心灵这种宗教性的任务也是可以完成的。辅佐当事人完成这项任务,就是我们这些心理治疗师的任务之一。当然,没有心理治疗师,当事人也有可能独自完成这个过程,只不过会更加艰难。这里,我们想借助大江健三郎的作品《人生的亲戚》来说明一下心灵治愈具体会走过什么样的路程。

这本小说的主人公是仓木 Mari 惠,一位中年女性。小说中登场讲述 Mari 惠一生的是名为 K 的男性作家,比她年长一些,也是中年。K

和 Mari 惠因为家里各自都有残障孩子、同为残障儿童的家长而相识。

Mari 惠有两个孩子，长男 Musan 有智能障碍，二儿子道夫则身心健康。Mari 惠在得知 Musan 有残疾后，主动与丈夫离婚，自己带着有残疾的大儿子生活，把健康的二儿子托付给了丈夫。据 K 的妻子所说，Mari 惠认为，Musan 的诞生在暗示她需要做某种形式的赎罪。但道夫上小学的时候，意外地因交通事故造成下半身永久麻痹，丈夫又带着道夫回来和 Mari 惠一起生活了。

时过不久却发生了悲剧。坐着轮椅的道夫，和推着轮椅的 Musan 离家出走了，到了家里别墅所在地的伊豆高原。两人从断崖投身而下，自杀身亡。按照目击者所说，Musan 推着轮椅接近断崖边缘时，道夫好像改变了心思，拉住了轮椅的刹车。然后，Musan 放开轮椅，走上前去，只身跳下山崖。看到这些的道夫，接着就自己转动轮椅向前，跟着 Musan 下去了。

人生时常有各种各样的不幸突降，但身心受到这样重创的确实少见。命运如此悲惨的 Mari 惠是如何度过自己一生的，构成了这部小说的主题。

一瞬间，而且是以自杀的方式失去了两个孩子的女性，今后的人生将如何度过？这样的创伤，到底还能得到拯救吗？

读着这部小说，不由得想到：Mari 惠的心灵创伤正是我们"现代人的创伤"[1]。Musan 身体健全但智力不正常，而道夫正好相反。将已经分离的头脑和身体统合起来，是一项超乎想象的艰难任务。这就像一个沉重的十字架一样，由 Mari 惠背负。Mari 惠的名字，让我联想到 Maria[2]。Maria 的儿子也是背负十字架赴死的。

这么看来，Mari 惠的创伤虽说具有完全的个人性质，但同时又有着现代人共通的普遍性。

---

1 指现代人灵肉分离的状况。

2 Mari 惠，日语读音为 Marie，作者取名时或许有谐音 Maria 的意图。

个人的创伤，时常与文化的创伤、社会的创伤、时代的创伤息息相关。当一个人在悲叹自己的命运为什么如此不幸、如此痛苦而不得其解时，如果意识到自己在承受着"文化之疾""时代之疾"，或许有些事情就能看明白一些。Mari 惠遭受了非常少见的灾难，背负着常人难以承受的不幸。但她的经历同样具有承受现代人整体痛苦的意义。因而，她的自我救赎之路可以得到现代人的共鸣。

Mari 惠意识到自己往后只能在接受重创的前提下继续生活。她又一次与丈夫别离，决心独自一人生活下去。作为她的支援者，小说中有三位年轻的男性登场，成为她的"护卫队"。他们并没有强迫性地要去为 Mari 惠做什么事情，但是看着 Mari 惠在苦境中挣扎，总想着能以什么方式给她一些帮助。形式上看来，是他们在帮助 Mari 惠，但在这个过程中，往往年轻人自己的心灵创伤也得到了治愈。正因为双方的影响力相互延伸、互相重叠，才经常会发生这样的

事情吧。同样，事情的推移对身兼故事讲述者的
K 也产生了作用，因为他不可能完全以局外人的
目光来看待在 Mari 惠身上发生的事情。

感伤主义

从"治愈创伤"的观点出发，衍生出一个
重要问题，即"感伤主义"。K 和 Mari 惠的孩
子们上的"养护学校"[1] 中有一个唐氏综合征的女
孩子早苗，同时还患有先天性心脏病，突然去世
了。早苗是一个非常可爱的孩子，在学校的艺术
演出中，总是扮演女王或者公主的角色。无论是
负责演出的老师、学生，还是观看演出的家长都
很喜欢她的表演。早苗的班主任提议把她的照
片、大家的怀念文章集结起来出一本书。大家都
很热情地积极参与时，只有 Mari 惠表示坚决反
对（这还是在 Mari 惠家的惨剧发生之前）。

---

1 养护学校：日本教育制度中为智力或身体有障碍的少年儿童
开办的教育设施。针对每个孩子的障碍程度设计符合个性的课
程，根据孩子们的能力不同，既可全日制上养护学校，也可在
普通学校上学的同时在养护学校补充个人需要的特殊教育。

　　Mari 惠表示自己也非常喜欢早苗。在早苗的葬礼上，具有修女身份的 T 老师说道："不仅是家庭成员和她的朋友们，连老师们都从早苗那里获得了安慰和鼓励。像你这样美丽的孩子，为什么会这么早就离开人世，上帝为什么这么做？从今往后我必须努力地去理解、去找出这个问题的答案。"T 老师动情的发言得到了大家的共鸣。但 Mari 惠有自己的想法。"说到底，还是上帝的旨意。让性格、外表都那么美丽的早苗背负着唐氏的缺陷来到人间，也都是上帝的旨意。"Mari 惠继续苦思冥想。"所以，如果想做一本传达真实面貌的书，不更应该清晰地表达出残障儿童丑陋、扭曲的部分吗？"也就是说，她反对只是美化身负残疾的孩子。大家正在酝酿的早苗纪念册，流于表面的感伤，并没有触及深处的真实。

　　关于这个话题，Mari 惠在和 K 的交谈中说到，她的思想背后有美国天主教徒女作家弗兰纳里·奥康纳的影响。残疾儿童的父母总是倾向于强调孩子们纯净无辜的一面，对这种倾向，奥康纳提出了她的警告。

"奥康纳说了，过于强调孩子们的纯净无瑕，就会走向它的另一个极端。本来我们早已经失去了纯净，不能指望一蹴而就，我们只能通过基督的赎罪，花足够的时间，一点一点地回归纯净。跳过现实中的过程，轻率地回归虚假的纯净，只能说是毫无益处的感伤。"

渴望治愈自己的创伤，想帮助别人治愈创伤，这种情感过剩，自然会急于快速达成目标，或者误以为已经达到目标了，于是人们陷入自我满足式的感伤。只可惜，这离真正的治愈还有遥远的路途。从根本上来说，这是一项需要"花足够的时间、一点一点"完成的任务，奥康纳自己是天主教徒，所以可以把这个过程表达为"通过基督的赎罪"。

K在向妻子说明Mari惠的想法时，同样沿用奥康纳的思想，说道："这位女作家认为如果把温柔（用她自己的词来说就是tenderness）

从根本的地方切断，就会成为冷酷。"那么奥康纳是如何看待这种无法从根源切断的温柔呢？K 继续说道："在真正温柔的根源之处，有上帝存在。有一位长着人的面貌被称作基督的神，以 person 的形象为人类赎罪。"K 继续说下去："但是对于没有宗教信仰的我来说，根本无法确定自己是否已经理解了她的意思啊。"

　　这一点相当重要。奥康纳明确地表示，温柔的根源之处"存在着上帝"。那么对于找不到上帝的 K 和 Mari 惠，事态又会变成什么样呢？实际上，Mari 惠也曾经参加了天主教针对初学者的学校，离开那里以后，又加入了一个小型宗教性质的团体。但即使这样，她依然没有找到某种形式上绝对权威的"上帝"。

　　我认为相对于感伤主义，还存在一种无动于衷[1]的状态。在小说中，对 Mari 惠的性格

---

1 日语原文为アッケラカン，主要有两种含义，一是满不在乎的态度，二是过度受惊吓后已无法正常表达真实情感因而表现出的呆滞状态。文中关于 Mari 惠的描写，体现了这两方面的意思。

描写经常用到"若无其事"这类词。比如说，"Mari 惠是一个不拘小节、活泼的人，同时又有像一个努力读书的女学生一样较真的一面"。K 独自带着儿子到自家的别墅去住时，Mari 惠找上门来。她带着自己的美国男友一起来的，到了晚上，两人在房间里发出"嗯……嗯……"的声音，甚至影响到 K 和儿子的睡眠。但第二天早上再见到她时，看上去根本就像什么事都没发生过一样。

如果我们说感伤是一种情感的过剩，无动于衷则意味着感情流动超出了期待以后无以应对的不知所措。经历了那样惨剧的 Mari 惠，表现出一种事不关己的样子，她内心真的没有苦恼吗？Mari 惠住在 K 家别墅期间，她的男朋友走后她自己一个人在睡觉时，K 不得不进她的房间去拿儿子马上要服用的药。这时候，她睡着了。

"吓人一跳。正处于快速眼动睡眠状态、快要醒来的她就像受到噩梦的折磨一样，发出痛苦的低吼。跟山姆大叔（Mari惠的美国男友）在一起的嗯嗯声能够归类为人类的声音，那么这个吼声就像在拼尽全力呐喊：我的创伤靠人类自身的力量完全无法治愈啊。"

靠人类的力量来治愈 Mari 惠，只能说是一种感伤，但也不能认为 Mari 惠若无其事的样子就意味着已经得到治愈了。她的苦恼，存在于泛泛而谈的同情之类无法到达的地方。想要找到通往她内心深处的伤口之路，感伤不行，躲闪回避也不行。

十字架的连接之处

Mari 惠的两个儿子背负着现代人"头脑与身体分裂"的苦恼走向死亡，玛丽亚的儿子基督同样为了替人类赎罪而死。我们会想，基督真的不能给现代的人们带来任何心灵的抚慰吗？至少在这部小说里，基督对 Mari 惠没有什么直接的帮助。这里，我想谈一下个人随意的想象。基督背负的十字架，横向的木头在比较靠上方的部位，暗示着精神相对于身体处于高位。相比较而言，Musan 和道夫这两个人构成的十字架，形成了身体和精神处于同等地位的正十字形。

如果我们把着眼点放在人类与其他动物的差异上，人类精神的存在显然是一个重要的标识。在这个意义上强调精神的重要性差不多花了两千年左右的时间吧。但渐渐走到二十世纪末期，人类又一次醒悟到自己其实与动物的差别并没有那么大，那么我们就需要把精神像十字架一样背负在身上生活下去了。从这个意义上理解的话，连接身体与精神的"性"承担了相当重要的意义。这样，就不难理解《人生的亲戚》中为什么"性"成为一个重要的话题。

但说实话，性真是一个棘手的东西。没有体验的话就无从思考，陷入实际体验中不能自持时，又会丧失思考能力。难怪倡导"精神"优越性的宗教会将"性"视为禁忌，对宗教（主要是基督教）持强烈批判态度的弗洛伊德直接研究"性"的问题有理所当然的一面。但这样的研究也难免会呈现出用"性"的"教义"构建出的类宗教形态。

　　Mari 惠有一位被称为山姆大叔的美国人男朋友。山姆深信哪怕只是让 Mari 惠得到性的满足，"应该就有活下去的勇气，一点也不觉得我（Mari 惠）还有灵魂的问题"。当 Mari 惠参加一个以被称为"导师叔叔"的人物为中心的小宗教团体"集会所"活动时，他又猜疑这是不是一个"使用性密法的邪教组织"。性，能够成为到达灵魂的一条重要通道，但性的满足绝对不等于灵魂的治愈。

　　Mari 惠加入了导师叔叔主导的"集会所"，以后又跟着去了美国。在那里"导师叔叔"因病去世时，跟随者中的年轻姑娘们打算追随导师的脚步，一同到天堂去，全靠 Mari 惠使尽浑身解数才阻止了这个集体自杀的计划。这件事情也很重要，但我们还是继续关于"性"的讨论吧。

当 Mari 惠终于费尽周折把这些打算自杀的姑娘们送回日本以后，一个日裔墨西哥人塞尔吉奥·松野又想让 Mari 惠到他自己经营的农场来，让她成为农场的精神中心。在塞尔吉奥的农场里住着各种各样的人，有印第安人、西班牙血统白人与印第安人的混血后代、日裔等等。如果这些人看到有着重创经历的 Mari 惠为了他们每日献身式地劳作，肯定会把她"当作圣女一样崇拜"，就会在农场找到自己心灵的栖息地而更加团结起来好好工作。这是松野的想法。Mari 惠经过仔细思考以后，接受了他的提议。但为了表明是完全根据自主意志作出的这个决定，Mari 惠"发誓直到死去为止，再也不会有任何性行为"。确实，人生背负着那样程度的悲惨事件，断绝性生活而献身的 Mari 惠，成功地给墨西哥人提供了"圣女"的形象。

这样，Mari 惠是因为抛弃了肉身才成为一个完全的精神存在吗？我认为并非如此。不污化性、不视性为恶，她在肯定了性的基础上，为了继续活下去才下决心断绝性行为。而且也不是突然之间，而是"慢慢地花上时间"回归无垢的纯洁。

她后来罹患癌症在异国慢慢迎来死亡。当年一直关照着 Mari 惠的三个小伙子"亲卫队"已经成为职业的电影摄影师，加上松野的请求，远赴墨西哥，计划拍一部描写 Mari 惠一生的电影。就这样，K 收到了一张远方寄来的电影剧照，在濒死的床上，Mari 惠穿着宽松的连衣睡裙做出 V 字手势。感觉到这个整体姿态，在形象地讲述着她心灵治愈的过程。

那个和这个

Mari 惠称自己的痛苦经历为"那个"，比如说"那个发生的时候"。难以忍受的恐怖，难以接受的事实，除了"那个"这样的代名词，找不到其他还能承受得起的表达方式。"说到底，那个到底是什么啊""那个到底有什么意义呢"等等，她不知道问了自己多少遍。

这让人联想起弗洛伊德在思考有关心灵的某一个领域时的情形。这个领域承担着力比多[1]储藏库的功能,弗洛伊德称其为"那个(Es)"。对他来说,就是"那个",找不到其他名称能够表现它。"无意识"中把事情搞砸,或者做了什么不好的事情,都不是"我"干的,是"那个"干的。这么看来,"那个"不失为一种很贴切的表达。

对 Mari 惠来说,"那个"是一件实际发生的事情,是无法否认的事实。但是,作为自己的事情、作为自己能够消化的事情全身心地接纳"那个",却是艰难无比的。Mari 惠说道:"弗兰纳里·奥康纳真确信'凡能感知到的都是能理解的'",对 Mari 惠来说,"那个"是能感知到的,但能不能理解、能不能接纳呢?奥康纳是一位基督徒,主张通过"耶稣基督道成肉

---

1 Libido,原文为拉丁语,意为欲望。精神分析专业用语,弗洛伊德定义为驱使产生性冲动的力量,荣格定义为所有本能的能量之主体。

身", 所有能感知到的事物就能够成为可理解的
事物。

Mari 惠终究没能成为一个基督徒。在墨西
哥, 她周围的所有人都是基督徒, 都会去教会。
但 Mari 惠在大家都按照神父的教导做祈祷时,
"看上去连对这样的祈祷都没什么积极的表现"。
称作"基督道成肉身"的神话对很多人来说都
具有意义。但 Mari 惠需要创作出能够理解"那
个"的自己独特的故事。说理解或是接纳, 并
不是通过脑子思考后明白了什么道理, 而是作
为一个人, 渗透全身心的角角落落都能有一种
感觉: "啊, 是这样的!"为了能够说出这样的
感受, 属于自己的叙事故事是必不可少的。我
们需要的不是"全能的神会拯救人类"这样的
大题目, 而是要思考"基督道成肉身"这样的
故事多大程度能够获得大众的共鸣才具有重要
的意义。

Mari 惠的叙事故事就等同于她的人生。走
进"集会所", 又从那里出来, 然后超越人种差

异为墨西哥人而献身。这些经历对她来说就是
创作理解、接纳"那个"的人生叙事。得了不
治之症走向死亡，无疑也是叙事故事的一部分。
正因为如此，她才答应将自己的一生制作成电
影。这是她个人的一生，但就像我们前边说到
的，这也会是生活在现代的芸芸众生能够共同
所有的叙事。

她提议给自己的电影取名为《人生的亲戚》。
关于这个名称，K 曾经想到："虽说没有血缘关
系，但在生活的道路上承担着共同的苦难，这些
先住民、混血后裔的女人们接纳了自己，像亲戚
一样成为自己真正的朋友、伙伴。对此，Mari
惠是否因心灵太缺乏滋润为此产生了一种骄傲
呢？"但在普鲁塔克[1]文库版著作中读到"对处于
任何境地的人们来说，无尽的悲哀都像是纠缠不
休、一点不值得感谢的'人生的亲戚'"后，K
说道："我现在倾向于这个解释了。"

---

[1] 普鲁塔克：约跨越公元 1 世纪的古希腊作家，信奉亚里士多
德派哲学。著述有《希腊罗马名人比较列传》《道德论丛》等。

　　人生的亲戚，确实是一个具有深刻含义的词汇。我到目前为止称为"那个"的东西，简直就是"我"来到这个世上就一直纠缠不清的人生的亲戚。"那个"既连接着悲哀，也和我周围的所有人有着千丝万缕的联系。因此，我不得不穷尽一生创造出能够理解、接纳"那个"的叙事故事。天才弗洛伊德庞大的文集，所有内容不都可以说是"我和那个"的故事吗？

　　眼看 Mari 惠的故事渐渐走向尾声，作者又在《后记》中讲述了一件出乎意料的事件。在墨西哥，一个叫 Macho 的无赖壮汉曾经强奸过 Mari 惠。为了保护 Mari 惠的"圣女"形象，这件事对外界尽可能地隐瞒下来了。但 Mari 惠农场的几个男人们还是把 Macho 好好收拾了一顿，砸碎了他的膝盖，让他负了重伤。

　　为什么 Mari 惠这样的人身上悲剧连连不断？她的人生故事能够得到完结吗？K 从后来收到的一些信息中寻找着蛛丝马迹，加上自己的推测，煞费苦心地试图在某种程度上"理解"

这个故事。在 Mari 惠死后，Macho 拖着残障的身体拼命地帮着挖掘 Mari 惠的墓坑，以此与农场的小伙子们达成了和解。

这样靠着"推测"把小说写成了可以理解的故事，无疑是件好事。但重要的事情在于，故事已经要结束时，"那个"带着新的素材又来了，而且依然是让人难以接受的素材。世上怎么会有这种可怕的没完没了呢？用新的伤害去治疗旧伤，"那个"的手段太难以承受了。但也正因为这样，我们人生的意义才能得以深化。即使 Mari 惠并没有跟大家一起祈祷，但松野认为"她在不断地深化属于自己独特的祈祷"。即使心中并没有一个绝对的存在，在深化与"那个"的关系的过程中，人也可以"深化自己的祈祷"。

（引自新潮社出版《人生の親戚》）

第五章

砂之眼——安部公房 《砂女》

　　我一贯读孩子们的书多一些，面向成年人的书读得比较少。这次为了写书需要找合适的素材，很是伤脑筋。不过借此机会读了不少以前从未接触过的书，过程中遇到令人动心的，都不失为愉快的体验。安部公房的《砂女》就是这样的作品，给我的冲击相当激烈。有机会去国外逛书店时，经常能看到《砂女》的译本摆在店头。就我对这本书的感受来说，很能认同它在世界各地被广泛阅读的现象。

　　名作，一般都会诱发人们的联想。这里所说的"砂子"，也会引起无数联想吧。换句话说，读这部作品，每个人都会有自己独特的解读。那么，在这里，我就谈谈自己的随意联想吧。

　　新潮文库《砂女》的解说中，唐纳德·基

恩[1]称赞《砂女》是"用最小说式的方法描绘出了日本，不，世界的真相"。确实，可以说揭示了无论何处、无论对谁都适用的"真相"。即使这么说，我还是感觉"中年"的意象应该最贴切吧。

路标

"八月的某日，一个男人去向不明"，是这部作品的开头。作为同事的老师们对此有各种揣测，甚至有人想到会不会是"厌世自杀"。实际上他不过是出门采集昆虫而已。他近来热衷采集生存在砂地的昆虫，期待着能发现什么新的物种。

"只要能走到这一步，自己的名字就会与长长的拉丁语学名并列，用斜体字登在昆虫大图鉴中。不出意外，会半永久地被保存下来吧。"

男人想要的就是这个。

人，总要死的。但死后，名字还能被"半

---

1 唐纳德·基恩（Donald Lawrence Keene），1922—2019年，出身于美国的日本文学家、日本文艺评论家。

永久性地保存下来", 多么美好啊。仔细想想, "自己"是个多么脆弱的存在, 但如果能把"自己"定位在"永恒的相"[1]之中的某个位置, 心灵会得到抚慰。日本人, 一般总是以在"某某家"标注的家族传承脉络中所处的位置找到自己的定位, 死后作为祖先由子孙供奉祭祀。这样的愿望基本都能得到满足。但这部作品中的男人, 好像是那种不想依赖"家族"的人, 渴望凭自己的力量发现新的昆虫, 把自己的名字能够半永久地保留在动物图鉴中。

　　他在家附近的河滩上, 发现了好像是新种的庭院斑蝥[2], 只可惜追了半天还是让它逃走了。离成功这么近, 引诱得他从那以后越发一门心思地到处寻找斑蝥的新种。在我小的时候, 这种斑蝥被称为"引路人"。

---

1 "永恒的相"是荷兰著名哲学家斯宾诺莎哲学思想的核心。"永恒的相"就是上帝, 是宇宙, 是一切物质与精神的结合, 是存在中唯一永恒的自在。

2 学名 Cicindela japana, 暗铜至暗绿色、翅膀上有斑纹、生活在地表的肉食甲虫, 分布于日本北海道至九州。

　　"斑螯的飞行方式太让人恼火了。看着它飞着逃走了，又停下来转回头，一副你来抓我呀、你来抓我呀的架势等在那里。被它表面的行为欺骗，一步一步靠近了，眨眼之间又飞走了，然后还是会转过来停下等你。就这么追啊逃、逃啊追，惹得你气喘吁吁、欲罢不能时，一瞬间钻进草丛再也不见踪影了。"也就是说斑螯像是非常巧妙地引导着人一步一步往前走。"引路人"真是个绝妙的名字。

　　人到中年，每天忙得团团转。怎么样才能把工作搞好？怎么样才能解决家庭出现的问题？日复一日，负担重重，根本没心情去想别的。但即使身陷此境，有些人还是免不了要去纠结：自己为什么活着？死了以后会怎么样呢？说到底，引导人生的到底是什么呢？往昔，有上帝、有佛陀引导，很多人能够实际感受到生命是被嵌入神的"永恒的相下"[1]的。但如今

1　出自荷兰著名哲学家斯宾诺莎（Baruch Spinosa，1632—1677 年）的泛神论，表达神的永恒属性。

很多现代人已经很难再靠神佛的指引生活，于是，昆虫担当了书中主人公的"引路人"。

有一个古老的传说童话《饭团饭团滚下去了（おむすびコロリン）》，这个故事讲述人类依靠偶然事件引导的意义。大家可能都很熟悉了，老爷爷跟随着不知怎么就滚过来的饭团走进洞穴，体验到了地藏净土世界。而现在的主人公不依赖"偶然"，抱着"发现新物种"的明确目的和愿望走出家门。不过，引导他的到底还是昆虫，这个设定有着难以言传的绝妙。在动物系列中，昆虫可以说是与人相对立的存在，它们的生活方式与人类的自由意志毫无关联。但主人公就是被这样的昆虫引导着，和"饭团滚下去了"里的老爷爷一样，掉进洞穴。只可惜，这回没滚进地藏净土，而是跌进地狱一样的地方。

饭团和斑蝥的对比也相当有意思。后边还会讲到"黑塚"，在这种超现代且具有世界范围普遍性的小说当中，竟然有日本古老土俗味道的东西存在，着实令人深思。或者应该说正是因为这样的反差，才更有意义。正是因为透过土俗，才找到通往普遍性的大道吧。

灵魂大扫除

男主人公为了寻找斑螯来到了砂漠，这个砂漠有着奇妙的构造。到处分布着像火山活动造成的环状山一样的洞穴，直径有二十多米，每个洞穴底下有一户住家。这些洞穴沿着砂丘的棱线排列。想象一下很大的蚂蚁地狱[1]的洞穴底部有一家人，基本上就是这种情形，但这些洞穴比蚂蚁地狱的坡度更加险峻。这些住户点点散落，离棱线越远，也就是说离海岸线越远，住户分布得越密集。尽管是一种与砂子共存的状态，但还是有村落的感觉。

男人向偶遇的老人打听哪里有可以住一晚的民宿，马上就被领到挂着"爱乡精神"匾牌

---

1 蚊蛉的幼虫在砂地上挖的漏斗形小坑，藏在底部捕食误落坑底的蚂蚁。

的事务所。经他们安排，当晚借宿到"部落最外缘、离砂丘棱线最近的一个洞穴"底下的人家。走到"洞穴"附近，才发现通往洞底的倾斜度比想象的要险峻很多，几乎是垂直的，靠挂在砂壁的绳梯才能爬下去。这时候一位女性举着灯来迎接客人。"年纪才三十岁左右，身材娇小，看上去很讨人喜欢。也可能化妆了吧，作为海滨的女人，皮肤这么白还是很少见的。而且掩盖不住脸上的喜悦，非常殷勤地出来迎接，给人感觉还是很不错的"。

女人说她独自住在这里。一个大风的天气，丈夫和女儿挂念学校的鸟舍，出门去照看，结果跟鸟舍一起被砂埋葬再也没能回家。这么看来，男主人公就得和这个女人一起在这个与世隔绝的家中度过一夜。面对多数中年男性都会期待的情景，这个男人肯定也动了同样的心思吧。

把男人留在屋子里，女人消失在屋外的黑暗中。男人抽了一支烟，端着灯出去寻找女人时，看到了什么？

　　有一出名为《黑塚》的能剧，日本人应该
都非常熟悉。一个僧侣借宿在荒野孤零零的人
家，止不住好奇偷看了女主人禁止看的房间。
女主人的卧房中"无数人的尸骸堆到了房顶，
脓血流得满地，臭气熏天，肌肤悉数腐烂"（《日
本古典文学大系41　谣曲集下卷》岩波书店），
一幅凄绝的景象。僧侣被吓得魂飞魄散，飞也
似的逃出去了。女主人变成鬼的模样紧追在后
边。最终在僧侣的祷告声中，女鬼消失了。

　　过去的人们心里很清楚，世界上存在着
"绝不能窥探的真相"。为了避免看到这种真相
被吓死，人们需要严格遵守很多禁忌。但现代
人追求"自由"的倾向愈加强烈，总是一个跟
着一个挑战过去的"禁忌"，可以说已经不存在
什么"不能看到的真相""不能逾越的禁忌"了
吧。《砂女》中的男性在陌生人家里和一个女性
共度一夜，女性也没对他提出任何需要遵守的
规矩。但，男主人公在这里看到的情景，不说
比《黑塚》更加惨烈吧，但也不比那种情形好

多少。

女主人一个劲儿地铲起砂子装进旧油桶里。过一阵子听见三轮摩托的声音靠近，一帮男人来到洞穴的边缘，放下大网篮。把铲好的砂子装进网篮吊上去以后，就用三轮摩托运到不知道什么地方去了。一直就这么重复劳动着。因为海上刮来的风不停地带来砂子，晚上需要不停地工作，才能保证家不会被压垮。

"砂子"没准儿比"鬼"更令人恐怖。这么一说，发觉《砂女》在开篇不久就对砂子作了详尽的描述。

在百科字典式描述了"砂子——岩石碎片的集合体。有些包含磁铁矿砂、锡矿砂，而金砂则比较稀有。直径在 2 ~ 1/16 mm 之间"之后，继续讲道："地上有风、有水流，砂地的形成无可避免。只要有风吹过、有河流过、有海浪拍打，砂就会源源不断地从土壤中冒出来，简直就像是生物一样爬满所有能占据的地方。砂子永远不知疲倦。静悄悄地，但不失决绝地侵犯着地表，并一步步地毁灭它……"

不注意看很难意识到砂子的存在，但在人们没意识到的时候砂子就"静悄悄地、不失决绝地"覆盖着所有可及之处的表面，并毁灭它们。人类在获得充分自由、破除一切禁忌的同时，好像也学会了如何对世间万物的"真相"视而不见。现代人跟往昔的人做法虽然不同，但"不去看那些不能直视的真相"这一点，却是相似的。到中年为止，可能一直都在努力奋斗，或升职加薪、或创业成功，所有精力都沉浸于此、满足于此的同时，或许眼睛看不见的砂子悄悄地日积月累，已经开始侵蚀我们的灵魂了。等到老了才突然发现自己不过是个空壳。

夜间清扫白天积攒的砂子，这个意象让人联想到梦。清扫白天在人的"灵魂"上积累的砂子，正是晚间梦的使命。人在做梦的时候并没有停止工作，曾经有过"梦境剥夺实验"，没有篇幅在这里介绍详情了，总之，实验设置得让人一直没法做梦，人的情绪就会变得很不稳定，甚至出现做白日梦的现象。这就像晚上没有好好清扫砂子，慢慢地房子就被压垮了一样。

真正的前卫

第二天天亮以后，男主人公惊恐地发现绳梯被拿走了。他这才意识到自己"活脱脱地被人算计了。不当心一下子掉进蚂蚁地狱里再也出不去啦。傻乎乎地被斑蝥吸引着陷进无处可逃的砂漠中，如今像一只饥饿的老鼠一样……"男人尝试着逃跑，但对手是砂子，毫无胜算。想从洞穴里逃出去，往上没爬几步，砂子就松散了。真是名副其实的蚂蚁地狱。就这样，男人也没放弃逃跑的希望。比如说把女主人公绑起来，等那帮男人们放下网篮来吊砂子的时候，自己坐进网篮中。可刚到中间就被发现了，上边的人们一松手，自己不过就是被摔回原地。

接着又想了个办法，阻止女主人工作，自己也坚决怠工。但这次，作为铲砂的交换条件每天配给的水，也被上边那帮人给停了。实在干渴痛苦得难以忍受，最终只能投降。说白了，怎么斗也赢不了的。只要他能跟她协作，每天好好铲砂，上边那些人就会适当地"配给"他们必需的水和食物，甚至还接受了他的额外要求，每天把报纸也送下来。

男人终于明白了运作的机制，也就是说，这个洞里的家位于部落整体防砂的最前线。如果第一线最靠近海边的一家人每天拼命铲砂子的话，就能防止整个村落被砂子掩埋。因此，整个村落的人作为报酬，为这家人送来各种生活必需品。每天开着三轮摩托拿着网篮来吊砂子的肯定不是村落的大干部吧，大干部要掌握全局，安排好每一个环节。但正是要靠着女主人们每天的努力工作，才能保证部落整体安泰的生活，这活活就是"爱乡精神"的体现。但这么重的体力劳动对一个女人来说还是难以胜任，这时候，被踪影难寻的斑蝥引导着，一个男人来了。村里人巧妙地把这个男人套住，让他下去帮着干活。

我们前边也说过，这件事可以与"灵魂"结合在一起来看。或者即使不做到这一步，也可以用这样的视点来观察。这里有一男一女，每日辛勤地做着人类生存必不可少的工作，却毫无察觉。如果我们用"站在最前线为人类工作"的意象去看这两个人，应该说，他们的生活方式才是最适合被称为"前卫"吧。

就算他们被吹捧为"前卫"，可具体做的事情又只是日复一日、毫无变化地铲砂。我们仔细想想，没准儿真的"前卫"的人，每天就是重复着单调乏味的工作，这种人时常并没有意识到这一点。而自称"前卫"的人，会巧妙地建立组织，安排这个铲砂，安排那个开着三轮摩托、放下吊起网篮运砂。因此，自称"前卫"的人需要保住组织的存在，其实往往不得不变得很保守。

事实上，男主人公为了逃脱每日单调的铲砂工作，跟来放吊篮的人讨论，如何可以开发当地的旅游观光价值，促进村落发展。或者寻找适合在砂地生长的植物，或者发起公民运动争取政府的防砂工程补贴。尽管他这么热心地建议，对方根本听不进去。这结果也许理所当然，对"上边的"人来说，现在这样事情运作得很好呀，干吗要没事找事去想些其他馊主意呢？迄今为止，我们这么"前卫"的做法不是运行得很顺当吗？

男主人公仍不气馁，执着地寻求逃脱的办法。终于有一天从屋顶扔出绳子，挂在上边的桩子上，从洞穴里逃出去了。原作在这里有详尽的描写，纸面所限不能一一介绍了，读者还是尽可能读一下原著吧。简单地说，就是男主人公总算从洞穴中上到地面，但在逃脱的过程中，被狗狂吠，惊动了村落的人们。然后被他们追得到处乱跑，无意中一脚踩进称为"盐馅"的松软砂堆。砂子被风吹得堆积在一起，一旦进去就会越陷越深、难以自拔。男人只能大声求救，来追他的人们总算想办法把他救了出来。

男人被救出来后松了一口气，但是也明白

又白忙活一趟，被救出来也就意味着他还会被送回那个刚逃出来的洞穴里。确实，人有的时候只能对支配自己的人喊"救命啊"，他被救出来，也就意味着支配的力度又加强了。

"男人的腋下套着绳子，像货物一样又被放到那个洞底。谁都不吭一声，好像在参加埋葬仪式一样。洞穴，很深、很黑。月光将砂丘全景笼罩在淡淡的丝绢光辉之中，连风纹、足迹都像玻璃的皱褶一样浮现在画面中，唯有这里，拒绝加入风景中，固守黑暗。"

男人，又回到"洞穴"生活。

心灵的依托之处

自此，男人和女人成为夫妻关系。其他暂且不提吧，至少两人都把铲砂当作自己的日常工作，过上了"顺畅"的日子。女人每天还热心地找来串珠子的活，为买收音机攒首付款。男人则沉浸在他称为"希望"的计划中。所谓"希望"计划，就是想办法套住飞来的乌鸦，在乌鸦脚上绑上信，然后放飞。可无论怎么想办法，总是逮不到乌鸦，他准备诱捕乌鸦的装置中不知怎么总是积满了水。研究了半天，男人发现，砂子的毛细现象再叠加上一些其他因素，一旦条件合适，这里就会存留很多蒸馏水。男人发现，只要完成了这个装置，即使"上边的人"断水，依然可以跟他们对抗，于是就开始热衷于制作储水装置。

女人终于拿到她盼望已久的收音机，两人的生活逐渐稳定的时候，女人因宫外孕紧急住院了。上下一通忙乱之中，男人发现绳梯竟然挂在那里，没有被收走。但这时，他已经没有了赶紧逃出去的心情。

"怎么逃出去呢？明天再好好想想就是了。"接着这句话，是法院关于这个男人仁木顺平的《失踪者踪迹报告催促状》和判定其为失踪者的判决书。至此，小说完结。看这样子，男主人公在有条件逃回去的时候，并没有马上行动。

这个男主人公为了能够逃离洞穴，可谓费

尽心机，但到了关键时刻为什么没有迈出这一步呢？我感觉"心灵的依托之处"可以成为我们思考这个谜团的钥匙。各色人等在生活中，总是要有一个可以依赖的地方。

仁木顺平，身为教师，却没有因教师这个职业感受到多少心灵的慰藉。最让他动心的是"发现新种"的昆虫。这样的话，他的名字就能半永久地存留在这个世界。正是顺应自己内心的愿望，热心地追随着斑蝥，才受斑蝥引导住进了砂丘的洞穴中。

他被领进砂穴，好像也不纯属偶然。他曾跟同事们说起过，人生找不到精神支柱。还说道："砂子是固体的同时，应该还具有流体力学的性质吧。我对这一点很感兴趣""说来说去，世界不就是像砂子一样吗……砂子处于静止状态时，谁也搞不清楚它的性质"。当同事指出他这想法具有相对主义特征时，他反驳道："不是的！我就是想变成砂子……用砂子的眼光看世界……死过一回以后，就再也不用成天因为怕死而忙乱不堪了……"

这么看来，他好像对世间万物早有觉悟，可一旦被封闭在砂穴底下，却又像确信以前的生活中才有他的"心灵所依"一样，拼了命地要逃出去，回归原本的日常。这种状况真实地展现了人类的实情。男人曾一度交涉道：只要能让他回去，什么条件都可以答应。村子里的人说只要他能在众人面前和女人交媾，就放他回去。这样的条件他都答应了。

他的意愿遭到女人的坚决拒绝，没能得以实施。他一直处于一种错觉中：只要能逃脱砂子世界，他就能找到人生的依托之处。可为了达到这个目的，却差点出卖了个人最隐秘的部分，等于失去了作为人而存在的根基。还算好，在这一点上，女人把握得很牢靠。女人不仅知道如何在这个砂子世界里按照他以前说过的那样"变成砂子"一样生存，并且还能守着必须守住的底线。

男人最后没有逃出去，应该是因为已经发现

无论在洞中还是在外边，生活都是没有本质差异的吧。作为教师，看上去他每一天的生活内容很丰富，从事的工作也很有价值，但仔细想想，这跟日复一日单调地铲砂子有什么区别呢。

中年很忙。也有人在繁忙当中寻找到了希望和价值。读了这样的小说，发现自己每天不过是在重复着铲砂，会不会很丧气："我成天在干什么？"或者反过来想吧，虽然每天都在重复着无聊透顶的工作，但正是这样，才是最"前卫"的生活方式，才算是奋斗在社会的最前线。

不管持哪一种态度，人有的时候会冒出来"自己变成砂子，用砂子的眼光看世界"的念头。话虽这么说，但生活在砂子世界当中，男人都有储水装置这样的消遣物，女人则会因为终于拿到了心心念念的收音机而兴奋不已。生活需要一些色彩，仅仅是变成砂子实在太苍白。中年的生活方式是需要用心下功夫的。

（引自新潮文库《砂の女》）

第六章 ｜ 厄洛斯的去处 ｜ 円地文子 《妖》

合二为一的欲望

可以说厄洛斯[1]这种东西在人生的任何阶段都难以忽略，到了中年更是承担着重要的作用。对人类来说，如果没有厄洛斯的力量，就不可能指望物种延续。但也不能走极端，说厄洛斯的力量越强烈越好，生活中总是有那么一些事情能让人感受到厄洛斯令人恐怖的一面。

在希腊神话的初期，厄洛斯并没有被拟人化，一直被描述为一种激烈攻击人类的肉体欲求。是一种既能让身心颤栗，也能迅速令其萎缩的可怕存在。这是一种无形的力量。厄洛斯的力量追求合二为一，但人在任何时候都是以

---

1 厄洛斯，最早的来源称他是参与世界创造的一位原始神，古希腊诗人赫西俄德认为：他是世界之初创造万物的基本动力，是一切爱欲、情欲、情感的象征。

"个体"存在的。事关厄洛斯，既希望能将自己区别于他人、成为一个独特的存在，同时又有着追求与外部存在结合为一体的欲望与冲动。

没有把厄洛斯拟人化的希腊人，可能从心底里就没觉得它是一个具有"人性"的对手，也没想着要跟它好好商量着解决问题。说白了，那时的厄洛斯就是以自然现象的洪水、山崩等"不可抗力"的形式出现。但随着人的"理性"渐渐发达，就试图去对抗它，或者控制它。在这样的变化过程中，厄洛斯逐渐被拟人化，以背上长着翅膀的男性神"厄洛斯"的姿态出现。因为具有人形，所以厄洛斯好像转变成一定程度可以商量事情、解决问题的对手。但要注意它是长着翅膀的，靠人类的力量根本不可能搞清楚它什么时候会飞来，什么时候又会突然飞走。

过于专注去捉摸厄洛斯来无踪去无影的脾气，渐渐忽略掉他压倒性的力量，人们开始误以为自己比厄洛斯更有优势。这样，厄洛斯就以丘比特爱神形象诞生了。就像人们称他为小爱神一样，厄洛斯的地位迅速下降到跟儿童玩具差不多的地位。但实际上厄洛斯绝没有那么好对付，破坏人们的理性对它来说简直易如反掌。在现代，依然有很多人单纯因为厄洛斯而失去财产和地位，甚至有人从首相的位子上灰溜溜地下台。

厄洛斯追求合一、融合的欲望，表现为男女身体的结合，通常会比较容易理解。撇开别的不说，仅仅是去除了包裹着自己的衣服，脱掉在社会关系中穿戴的盔甲，没有了保护自己不受他人伤害的屏障，双方的身体合二为一，这些特征可以说就是厄洛斯本身。但仔细想想，我们真的因此就合二为一或者融合在一起了吗？青年时期，因为还在体验身体结合的新鲜感，或者因为生涩还不能从容行事，会沉迷于其中。一旦开始思考这到底是不是真正的融合时，可能谁都开始茫然了。

人到中年，社会就要求你必须具备一定的辨别能力，认清并且区分开世间万象万物。"明辨"的必要性与厄洛斯的"融合"特征是死对头，分辨能力太强的人通常会下意识地压抑厄洛斯（当然，我们在后边还会详谈，厄洛斯是不可能被完全压抑住的）。而厄洛斯太强的人，会失去分辨的能力。年轻时稍微做点出格的事或许还能得到谅解，但人到中年就必须给出社会认可的完美答案，既能体验到超越个人的厄洛斯力量，还能够把握好分寸、不失体面。

这一章选了圆地文子的《妖》来帮助思考中年性爱的问题。这是一部从女性的角度描写中年厄洛斯的作品，能给我们很多启发。在《妖》当中登场的夫妇与其说是中年，不如说已经接近老年了。他们的孩子都已经结婚，各自住在别的地方。夫妇二人虽然仹在一个家里，但各有睡房，没有性关系。这么清淡的生活中厄洛斯之火并没有熄灭。那么，厄洛斯的能量又跑到什么地方燃烧呢？小说相当巧妙地描绘出这种情形。

丈夫神崎启作喜爱古董。中国的陶器"吴

须赤绘瑞瓢形花瓶"是他的挚爱宝物。他在自己的房间里摆满了各种古董品，每日捧在手上触摸着，离开一点距离欣赏着，喜悦无比。也就是说他的情爱对象不是人类，已经完全倾注给陶器了。人到中年以后，情爱的对象经常不是活生生的人，古董、汽车、植物、宠物等等都可以成为情爱之物。很不可思议，人们从中能够得到合二而一的体验。

如果爱的对象是人类，要将情爱的能量灌注给另外一个人，需要花相当的工夫，做相当的努力。这有多难呢？我们可以顺着《妖》的讲述来体验一下。在森严的一夫一妻制社会中，在婚姻关系以外寻求厄洛斯对象就会被裁定为绝对的"恶"。这种行为伴随着极度的危险。既然这样，只要把性爱局限在夫妇之间不就好了吗？事情又没有想象的那么简单。

擦肩错过的夫妻

如果把性的体验解释为厄洛斯的体验，好

像非常容易理解。但从女性一方来看，别说体验厄洛斯的欢愉了，很多情况下可能只感到痛苦，或仅仅是扫兴，离两人"融合"的理想状态差着十万八千里。如果要讨论这件事，那就得另作讨论了，所以在这里，先假设青年夫妇基本上都能对性的结合持满意态度。我们要谈的是中年时期的问题，从这里开始比较方便。

男性如果简单地将厄洛斯与性捆绑在一起，关系就难以长久持续下去。厄洛斯有着无尽的深度，不仅仅关乎肉体。厄洛斯必须有精神层面的内容参与进来，以身、心融合为目标。可是，我们真的能做到这一点吗？

《妖》当中的夫妇启作和千贺子两人经常"擦肩错过"。长女结婚时，千贺子曾期待女儿夫妇能与自己同住的。但医师女婿需要去加利福尼亚的医院工作，所以女儿女婿马上就踏上旅途远远离开家了。到横滨去送行（当时需要乘船去美国）回来的路上，千贺子说大女儿这一去"恐怕是不会回来了"，启作回答说："不会的，四五年的事情，很快就过去了"。

"启作说的是与加州医院的合同期限，与千贺子内心层面的考虑不是一回事。"这种错位，启作根本不当回事，但"千贺子对这种理解的差异，就像是跟语言不通的外国人对话一样，不由得烦躁。一心想让两人对话的节奏能够合拍，反倒错位得更加激烈"。

小说中很巧妙地描绘出夫妇相向而行但又"擦肩错过"的情形。千贺子所说的"恐怕是不会回来了"，要表达的是想到"女儿再也不会回到原来母女一体感的世界"时的哀伤、断念，或者还有些对前景的迷茫，而启作只是在现实世界中谈论劳动合同。不仅精神栖息的空间完全不同，而且男方对这种不同根本无所谓，不予理会，女方却感觉沉重到难以承受。当"想让两人的对话合拍"时，女方期待着双方心灵的每一个皱褶都能契合。而男方从心底里就不认可这种可能性，强调人本来就是独立分开的，结合、融合、合二为一什么的，在身体层面上完成不就可以了。只可惜，这个层面的融合不可能让女性得到满足。

结束了青年时期脑子发热的结合形式，渐渐走入中年，男性和女性的互相理解基本上已经成为不可能。这时候，很多女性把情爱的热情倾注到孩子身上。千贺子也是这样。作为银行职员的启作经常被到处调动，但有了孩子以后，千贺子就不总是跟着他搬家了。后来索性"以保证孩子们的教育环境为名，一直住在东京，再也不走了"。也正是在这期间，启作的厄洛斯能量渐渐流向古董品。

决定性地认识到两人的错位，是二女儿品子生病的时候。治疗需要注射高价的药品，正巧当时美国驻军的上校看上启作的"吴须赤绘"，意欲出高价收买。对千贺子来说，真是天上掉下来的大好事，可启作不仅不答应，还"怀疑千贺子会不会趁他不在偷偷拿出去，于是把花瓶拿到银行，存进仓库里"。这岂止是错位，简直就是人际关系的彻底撕裂。

千贺子英语很好。有人想把日本的色情书翻译成英文卖到美国，只要千贺子能接下来这份不体面的工作就能挣到钱。"与其强迫启作卖掉他舍不得的花瓶给品子治病，不如自己忍受点耻辱，省得求人。"一旦厄洛斯没有了去处，其能量经常会转化为赌气、愤怒。话说千贺子翻译的文章中有很多露骨的性描写，受其影响，千贺子的身心也在摇摆。

送大女儿出国回来的那天晚上，启作很少见地买了意大利的高级苦艾酒。说是好久没有静静坐下来了。两人面对面推杯换盏之间，气氛相当奇妙。"千贺子从拿着苦艾酒杯子的启作眼中觉察到一点模模糊糊的亲热意图"。千贺子胸中不可思议地有了一点感情的涌动，但，同时也可以说是一种"令人不快的东西"。这时候，启作说了一句决定性的话：

"你的发际线也稀疏了好多哦。"

千贺子第一次剪短发时，两个多月启作都没有发现变化。这样的人，为什么突然间会说出这种话呢？"从来没有像看古董品那样用细腻的眼光打量过妻子的容貌，今天心里感觉到什么了，突然冒出这么一句。"

厄洛斯不再涌动时，男性不大会在意女性的容姿。当女儿踏上旅途后，仅剩夫妻两人面对面品酒，启作感受到一点点厄洛斯的涌动吧，这时候才看到妻子的发际线已经比以前稀疏了很多，啥也不想就说出口了。妻子内心因此受到的伤，他一无所知。就这样，一点一点，夫妻间的错位毫无希望地持续下去。

对"坡"的爱

好不容易夫妻之间情爱的能量开始流动，丈夫又无意识地彻底断绝了后续。对千贺子来说，尽管容貌被贬低受到伤害，可能根本还在于没有想与丈夫恢复情爱关系的心情。前边我们已经说过，厄洛斯不是人能够控制的怪物，但也不完全与人无缘。厄洛斯具有的强烈融合力量会打破我们日常非常重视的界限。

作为一种方法，可以把厄洛斯完全与日常隔离开来，分别进行厄洛斯的体验和非厄洛斯的体验，搞好两者之间的平衡。另一种方法，就是主动排除隔离，超越"生与死""日常与非日常""精神与肉体"的差异，把这些因素的整体作为厄洛斯的体验。这种体验，靠着一个特定的人及其整体的平衡得以维持。我们只是为了方便列出两个极端情形，但按照这种分类，一般男性倾向于前者，女性倾向于后者。

如果一个男性在很早的阶段就被后一类的厄洛斯所吸引，可能他会感到在一般社会很难像个普通人一样生存。女性如果非常努力地追求社会地位，就比较容易形成前者的厄洛斯模式。人到中年，如果还期待生命中厄洛斯的力量，那么就要好好琢磨一下，怎么样才能与前述的两种厄洛斯模式共存，或者要尽最大的可能理解与自己不同的模式。不是这样吗？

千贺子的厄洛斯能量，无疑一直倾注给了孩子们。厄洛斯的融合特征与母性共同发挥作用，比起温暖的母性爱，孩子们或许更容易感到桎梏加身的窒息。也可能正是因为这种感受，两个女儿结婚后都离开了父母的家。顺便说一句，这种情况下，用"教育狂妈妈"来单独责难女性是不公平的。作为妻子厄洛斯的对象，不合格的丈夫，负有同等责任。可以说，基本上不存在夫妻两人只有一方是"坏人"的情况。

孩子们都离开家了，丈夫也不是自己感情可寄托的对象，那么，千贺子情爱的能量会朝着什么方向流动呢？大女儿走了以后，"一阵子像是想亲近千贺子的启作，看到千贺子有意识地往后退缩，就又恢复到旧时的生活状态"。在这段阴郁、平稳的夫妻生活描述之后，接下来写道："正因为生活中与丈夫之间筑起了牢固的篱笆，千贺子跟坡变得越来越亲密了。"

只看字面意思，可能会以为千贺子跟一个叫"坡"的男性有了亲密的关系。虽说答案不对吧，但也差得不远。千贺子真是爱上了"坡"。关于这个"坡"，《妖》在开篇就作了如下的描述。

　　静静的坡在下摆处大气地画出一个像年轻女性和服的柔和曲线，右手边依偎着长满树的堤防以缓缓的坡度向高台方向延伸，另一面则是连绵的木板、钢筋水泥做成的围墙。墙的后边是陡峭的斜面，一举落到崖下，这里房子的二楼勉强可以和坡面平行。坡就像是给城市中心的广阔丘陵地带织了一条边，与低地人家画出清晰的分界线。很久以前没准只是高台地域的一个斜面而已，不知什么时候在腹地经人、马踏过，开辟出了一条路吧。

　　从原作引用了这么长一段。这个"坡"正是千贺子的恋人。千贺子经常走到坡上，沉浸在那里的气氛中。人们问起为什么会站在这里呢，她总是开玩笑说："在等恋人呀"。这也真不算是玩笑，坡让她联想到"恋人"。甚至可能应该说，坡就是她的恋人。

　　女性的情爱，具有圆环形和整体性。《妖》描写的坡的情景，巧妙地描绘出女性厄洛斯的魅力。坡上总是人来人往，晚上千贺子在床上"躺下来，心无旁骛地听着斜上方坡面上传来的尘世间的生活气味，甚至比登上坡面用眼睛看到的更加生动。脑海里浮现出人们走动交谈的样子，不由得在心里引起一阵阵的波纹"。而且，无所事事地站在坡上发呆时，"千贺子时常会产生一种错觉，就像上坡下坡一样，自己好像可以在过去和现在之间自由地穿梭"。

厄洛斯包含了所有的人，包含了过去和现在，不可抗拒的力量把整体融合在一起。但如果仅仅是这样，人们会溺亡在厄洛斯之中无法生存。启作不经意地对妻子说出难听的话，千贺子针对性地赌气，这些行为某种意义上是将生活重心放在"自我"上，无意识地在回避厄洛斯的冲击。或者说，"工作"也对厄洛斯敬而远之（当然有些人的工作内容就是厄洛斯）。

这么看下来，就很容易理解中年的厄洛斯为什么这么困难。处于这种困境，很多人就选择了人类以外的东西作为自己情爱的对象，以寻求一定的平衡。这么做无可厚非，只是对其中的机制要有明确的认识。

深夜来客

启作把古董、千贺子把坡作为各自情爱的对象，两人的生活就这么波澜不惊地持续下去了。仅仅如此的话，生活可就太乏味了。厄洛斯，无论如何，其对象也是人的时候才可能有深层的体验。以活生生的人为对象来理解异性，可以说是在持续不断地挑战一个不可能的重大课题。唯有这样，才能真正尝到中年情爱的深邃。只是，要走到这一步，必先体验到相当的痛苦。千贺子对以启作为对象完成这个任务已经完全绝望了，因而把目光转向了"坡"。正是在这时，具有人形的"厄洛斯"作为来访者出现在千贺子的面前。现实当中，这样的来访者出现在中年男女面前时（而且往往以一种很偶然的形式），如何应对，将会左右今后人生的基本走向。

对千贺子来说，最初的来访者是工作相关

的人如约而至，倒不是偶然出现。当时，千贺子正在做日本古典文学的英译工作，作为文学指导，国文学教师远野按计划定时到她家里来。就算是成天见到的人，某一天可能也会察觉自己的心情有些变化。远野虽然只有三十三四岁，但在战争中受到不少折磨，总能让人感觉到一股子老年人的暮气。说不清楚为什么，千贺子这一天忽然对满嘴都是假牙的远野有了不同的感觉。

那天千贺子在跟远野商量，《伊势物语[1]》六十三段中形容老妇白发的"灯芯草发[2]"怎么翻译比较合适？这是业平和老妇的恋爱故事，其中描述老年女性的头发，用了"灯芯草发"这个词。

千贺子忽然拍着自己的额头说："就是这样的头发吧？"远野并没有像启作一样，与千贺子

1《伊势物语》为平安时代成书的和歌形式的叙事故事。推测以平安时代贵族在原业平为主人公（物语中自始至终未写明主人公名称）。

2 日语写作"九十九髪"，"百"减去一为"白"，用来比喻老年人的白发。

近距离生活在一起，所以回答："怎么会呢？你还这么年轻啊。"这样的社交辞令并没有让千贺子得到满足，于是又追问下去："远野老师，你跟自己妻子接吻的时候没觉得很奇怪吗？"远野听了好不尴尬。表面上看，千贺子好奇远野的妻子与满嘴假牙的丈夫接吻会不会觉得难受，才会问出这样的问题，但其实是她自己（还有启作）也装了假牙的事实在内心起作用。

远野在假牙的话题持续了一阵子以后，指出千贺子最近好像时不时地会说一些让人吃惊的话，"好像闪电一样，噼里啪啦，说来就来"。也就是说，被压抑着的厄洛斯的能量，积蓄久了就会对着某一个异性像闪电一样发射出去。远野一直提防着这种闪电，因此两人之间并没有发生什么。但现实中不乏被闪电打死的人，当然也有人借助闪电的力量完成了中年时期的再生。

和远野有过这次意外交谈以后，"千贺子化妆比以前更浓了。有时会在雨中打着伞伫立在坡上，在梅雨季节像毛玻璃一样半透明的光线中，从千贺子的脸上看不出实际年龄，显露出不可思议的青春活力"。从此，千贺子快速展开她的幻想，开始创作。在创作的世界里，描绘着丈夫密藏的吴须赤绘摔碎了的场景。找不到一个可以成为对象的活生生的人，虚无世界中的复仇行为释放了大量积蓄已久的能量。

接着，新的来访者又出现了。这次完全是偶然地在深夜造访。千贺子正在睡觉，但"门铃声尖锐地响个不停，被吵醒了"。启作也起来了，一边嘟囔着"这么晚了，在干什么呢"，一边打开大门看到底出了什么事。

开门才发现没什么大不了的事情。一对年轻男女抱在一起亲吻，身体靠在门铃的按钮上，搞得家里边铃声大作当事人还浑然不觉。被启作的声音惊动，两人一下子弹开，往坡底下逃去。

就像灵魂被狐仙牵走了一样，身穿睡衣的启作和千贺子一脸茫然地站在雨后泛着水光的坡道正中央。两人面面相觑，拿掉假牙后空荡荡的嘴边，浮起了一抹难以言说的奇妙微笑。

来访者不仅造访了千贺子，门铃对启作和千贺子都提出了"赶紧醒来"的要求。两个精力旺盛的年轻人，根本不顾及会不会搅扰到别人，充满了任由男性和女性结合的强大驱动力。也正像是为了让启作和千贺子能够看到这样活力旺盛的姿态，两人才被命运安排到了他们的门口。启作也罢，千贺子也罢，虽然对两个年轻人的莽撞行为很是生气，但内心或许也会被这样的来访触动吧。在两人拿掉假牙后"空荡荡的嘴边，浮起了一抹难以言说的奇妙微笑"，正说明了这一点。要说两人从此能够共享来访者带来的"意义"，好像有点为时已晚。被吵醒的两个人接下来又各自去睡，从此还会过着"平静的"夫妻生活、迎来老年吧。当然，即使老了，厄洛斯依然可能在不知什么时候突然造访。

（引自新潮社出版《新潮现代文学 19 卷 圆地文子》所收《妖》）

第七章

男性的厄洛斯——中村真一郎《爱恋之泉》

现代男性的情爱

第6章已经通过圆地文子的《妖》讲述了女性的情爱。这一章，将以中村真一郎的《恋の泉（爱恋之泉）》为线索探讨一下男性的厄洛斯。这部作品以一位中年男性为主人公讲述他的厄洛斯故事。首先，该男性的思想会纠缠其中，很难把厄洛斯单独抽出来分析；再者，一个生活在现代的男性，自然会与社会各个方面发生联系；而且可以很明显地感觉到，东方和西方文化的冲突也活跃在故事的大背景中。我感觉，无视这些因素是难以讲述现代人的厄洛斯的。

民部兼宏，四十岁的中年男性，单身。生活在戏剧行业，他与好多女性发生过关系。今天也不例外，他在等刚刚二十岁的新人女演员唐泽优里江来访。唐泽说好深夜彩排结束后就来，他等得不耐烦了，不知不觉睡去，开始做梦。

梦中，他自己变成二十岁，沐浴着金色的雨，浑身散发着金色的光芒，轻快地走动着。无拘无束的自由，充满无限可能性的未来，构筑成美满的梦境。他把新写成的《爱恋之泉》剧本拿给好友鱼崎看，说自己"终于发现了日本新剧的真正的根"，与好友共同分享喜悦。梦到这里，时间突然跳跃到三十岁，他为了十年一直没有演出机会的《爱恋之泉》到处在找能胜任的女主角。后来和鱼崎一起总算找到了"与剧本的主人公形象非常契合"的女演员时，他已经四十岁了。而且想起来自己好不容易发掘出来的演员——萩寺聪子好像早就去欧洲，隐姓埋名无从寻找了。从梦中醒来，看到聪子满身闪耀着金光、赤身裸体地站在房子的正中央。仔细揉揉眼睛，才看清楚站在那里的是约好了要来访的唐泽优里江。

　　从这个梦中，我们可以读出很多。四十岁的民部和二十岁优里江的关系，掺杂了他从二十岁开始的所有人生。厄洛斯具有打破各种各样的障碍，让一切都失去界限的力量。对优里江来说，民部具有"把恋人、父亲、老师这些角色全部综合为一体的"的意义。日常生活中，这些角色都有着明确的分界线，但厄洛斯介入之后，全部合成为一个整体。面对优里江，民部的二十岁、三十岁、四十岁的各个人生阶段也混为一体。看样子，厄洛斯发挥出力量时，年龄的差异根本就不会成为问题。

　　因为彩排拖了很久，优里江早上五点才来。和优里江共同度过床上的时光后，民部在早上八点钟醒来了。这种自由时光，民部感觉"怎么跟冥府那么像呢？""意识到自己和一位年轻女性一起隔绝在这个房间里，就像是在模仿死后的生活，不禁苦笑。"

　　性的体验，某种意义上与死的体验是相通的。通过性行为能感受到无限的生命力，但比起女性，男性更容易把合二为一的瞬间与死亡联系在一起。狂喜、极乐、忘我（ecstasy）的词源意为"站在外面"，性的狂喜让人有了"出离"人间现实世界的体验。

躺在优里江的身边，民部回想着过去的种种。这时候电话响了，没想到是他年轻时在剧团共同挥洒热情的柏木纯子，说自己刚从法国回来。和她对话的过程中，民部想起了自己年轻时的好多事。他们在同一个剧团时，民部曾喜欢前边梦中出现过的萩寺聪子，但柏木纯子出于嫉妒而引诱民部。纯子把和民部之间发生的事情告诉聪子后，聪子抽身远渡法国，消失了。

就这么任性胡来的纯子，现在竟然以制作人的身份活跃在法国。这次带了一位在法国出名的女演员冰室花子回到日本。花子说很久没见了，想见见民部，所以纯子打了这个电话。

民部一头雾水："很久没见了？意思是她之前认识我啊？"

电话那边传来纯子的声音："说什么呢！你忘了吗？"

听到纯子这么说，民部脑中浮现出聪子的形象，突然意识到花子应该就是聪子，思念的情感不由得涌动起来。民部是见过花子照片的，但无论如何无法把过去的聪子和现在的花子当成同一个人。民部陷入沉思。"我对荻寺聪子变身为冰室花子的过程一无所知。今天早上梦见了她变身的第一阶段，今晚要在现实中见证她变身的最终阶段了。这么想来，与其说对往事的思念，还不如说预感到有机会满足理性的求知欲，更加令人愉快。"

他穿上内衣，然后又穿上衣服，整理好了"作为一个社会人"的形象，把"躺在床上、抱着枕头、睡相难看、呼呼大睡着"的优里江留在屋里，自己一个人出门了。工作上的事情都处理好以后，民部到花子和纯子住宿的宾馆去见她们。或者应该更直白地说，民部是被想见花子的心情驱使着，才会丢下优里江，独自出门的。男性的厄洛斯单刀直入地朝向某一个方向时，就无暇他顾了。

对两个女性的爱

民部经过戏剧研究所门前时，遇到正在做电视导演的木户。木户也是民部年轻时一起做戏剧的伙伴。随着他作为导演的名声越来越大，对民部的称呼也从最初的"民部老师"顺次变为"民部""小兼"。两人就民部为秋季艺术节准备的剧本商量起来。民部按照主人公的形象提议起用木户也知道的萩寺聪子，而木户说他考虑用唐泽优里江，说两个人的形象差距太大。民部争辩着："但是，从与我个人的关系来看，两个人的感觉非常接近。或者说在我的内心，聪子体验和优里江体验完全和谐一致。"

民部这么说着的时候，当年与聪子相遇时的记忆逐渐苏醒、活跃起来。在只有他们两人的庭院里，"聪子从远处一口气跑过来，扑进我伸开双臂的怀中"。这是聪子作为研修生进入研究所相识后，第一次两人独处时的情形。至于优里江又是什么样呢？最近民部重感冒休息了将近半个月后又去研究所上班时，排练场上有二十多个研修生正在讨论，优里江从人群中跑出来扑进民部的怀里，兴奋地喊道："病终于好了，太好了！"

聪子是在"周围没有一个人"的时候，而优里江就像是"周围没有一个人"一样，两人眼中都闪耀着欢喜的光芒，毫无顾忌地扑进民部怀中。而且，每次，民部都在自己心中感受到对她们的爱。

民部的剧本在第一幕结束时，主人公有这样的台词："我自山泉重新舀起一瓢恋爱之水，但不同的仅仅是容器，瓢中之水毫无新意。"可以说这就是小说《爱恋之泉》的主题吧。

与木户话刚说完还没走远，木户的妻子就来了。指责木户跟优里江搞到一起以后工资也不给家里了，太无耻了。木户的妻子大发雷霆，说昨天晚上肯定也是跟优里江在一起。民部听到，心里不由得嘀咕起来。优里江说因为排练晚了到早上五点才露面，会不会是跟木户玩好了以后才到民部家来的呢？

木户的妻子年轻时也是剧团的成员，跟木户争吵的过程中，提起当年自己喜欢的是民部，但因为民部爱的是聪子，自己就退出了。民部早就忘了这些，听到木户的妻子说起，才慢慢地回想起来。当时对聪子激烈的爱情也像是从沉睡中醒过来了一样，越发期待尽快见到聪子了。见聪子之前想再读一遍年轻时写的《爱恋之泉》，就先回到了自己的住处。看到还在床上沉睡着的优里江，不由得在心里惊呼："啊呀，我把这个女人给忘了！"

聪子和优里江，自己爱的到底是哪一个呢？前面介绍的台词，点中了他《爱恋之泉》的主题。毫无疑问，他在年轻时写的剧本，找到了"用适合能乐的表现形式"来描绘"青年特有的空想"。"给一个女演员不断地戴上不同的假面，象征性地演绎不同环境中的女性"，通过探索这种演绎方式发现了新类型的叙事故事。但是，不知不觉中，戏剧变成了现实，怎么也没想到年轻时的想法到了现在会"作为一个深层的法则，在折磨着已经中年的自己"。

民部翻来覆去地想着聪子和优里江的种种，"终于发现，自己对聪子和优里江的感情并不对立，两者和谐共处，就像是一种爱有两种不同的表现方式"。民部就这么理解并与现状和解了。

情爱，把各种不同的东西融合在一起。现在，聪子体验和优里江体验融合起来了，融合同样还在别的地方发生。在最初的梦中出现的朋友鱼崎，有一种倾向，只要有哪个女性爱上民部，鱼崎就会爱上这个女性。面对这种情形，鱼崎在感受到与民部的友情的同时，为了朋友极力压抑着自己的感情波动。但有时也会换一种想法："我与民部依靠友情融合在一起，那么他用我的眼睛鉴赏她，然后产生情欲，这种情形也是可能的。"确实，这种融合也是可能的，好朋友之间、师生之间为恋情争风吃醋的事情并不少见，也能说明这个观点吧。

前边说到的聪子体验和优里江体验的融合有可能和谐相处，但与鱼崎的融合就充满波折。不是所有的融合都能走向和谐，有些融合也会走向一片混沌。情爱，虽说具有强大的力量，但并不是可以掉以轻心单纯享乐的。

肉欲俗论的疑问

民部怀里拥着优里江，突然想起刚才木户妻子的话。优里江说是因为彩排拖时间才来晚了，会不会是因为跟木户交往才耽误的。民部追问她："说实话，到底是怎么回事？"优里江小声嘟囔道："对不起，不过我也想玩一玩呀。"民部听到以后不禁怒火中烧，一边粗暴地和优里江做爱，一边想着："就是在这样快乐的瞬间，人从自我的限制中逃脱出来。继而，爱情从意识的表层消失后只剩下解脱。我在激烈运动的间隙，经常会瞬间想到这些。对呀，甚至连对方是优里江这个事实都不再那么重要了。没准儿这就是萩寺聪子的肉体……"

民部拥抱着优里江，心里却在想着聪子，这算不算犯了奸淫罪呢？至少形式上不算违背道德吧。"肉体行为本身确实具有超越个人的因素，我的'自我'，依赖这种陶醉感，而不再是意识的中心。"在这里，两个人融合在一起，既不是我也不是她，共同化作一匹"四足野兽"。民部继续思考着："所以，单纯基于快乐的陶醉感确实存在。陶醉感当中，我也罢、优里江也罢，各自的人格最终都化作无足轻重的微尘。正因为我们的灵魂借助这样的方式得以从自我的牢狱中逃遁出来，才能称其为陶醉吧。"

如果真像这样把重点放在解脱上，那么其实男性之间、女性之间的关系不也一样吗？

两个肉体的存在消失了，取而代之的是一种陶醉感。如果我们这样看待这件事的话，在男女的肉体结合之外，同样男男及女女的组合也是可能的。

……

如果没有宗教和法律的禁忌，同性爱也不再是变态的行为。如果说在肉体交合中存在变态行为，只能是一种情况，即两个肉体相拥却没有产生某种陶醉，也就是说一方或者双方顽固地不肯放弃自己的个人意识。

有一种关于"肉体的俗论"，即"男人如果跟女人发生肉体关系后，会急速地对她失去兴趣"。与此相对的，还有一种说法，叫作"一旦了解了对方的肉体，从此这个人就成为特别的存在，不再是他人了，所以永远都不会忘记"。中村真一郎把后者称为"肉体的神话"，我倒感觉两种说法都可以称为"肉体的俗论"。不管怎么样，中村对这种俗论表达出了自己的疑问。

民部（也就是中村）认为，肉体的俗论，是因为没有体会到真正的融合，"在无爱的孤独游戏中才会发生的情形"。确实是这样，所谓好色，就是在体验这种毫无滋味儿的情感冷却。

为了排遣不甘的心情，不得不再去寻找下一个目标。这样的人不断地重复着身体的结合与灵魂的乖离。而真正体验到狂喜、极乐时，这种体验可以称为"肉体的记忆"，"即使两人的肉体分离，也很难找回自己单独的感觉，好像对方的感觉一直附着在自己身体的某一部分"。但就像我们前边说过的那样，这已然超越了个人、超越了特定人物的个人记忆。因而也超越了两人之间的个人性质的结合。这与通俗意义上的"某一方已经离不开对方了"还不是一个意思。

后来民部又见到木户时，了解到那天彩排确实拖到了五点，也就是说优里江最初讲的因为工作来晚了，是真实情况。可优里江为什么要特意撒谎说"自己也想玩一玩"呢？这么想下去，好像木户在撒谎。民部把自己搞糊涂了，决定直接找优里江确认。可优里江给他的回答是："随便怎么样又有什么关系呢？""我就是不喜欢这种纠结来纠结去的事情，随便怎么样又有什么关系呢？老师希望怎么样就认为是怎么样，不就好了嘛。我就讨厌没完没了地辩解。"

　　在此不作详细介绍了。总之，民部认为优里江可能撒谎的时候，想了很多很多。谎言的意义、外在存在和内在体验等等，真让人感叹，一个人怎么能想那么多。可放到优里江身上，同样的事情就仅仅是"这样也罢、那样也罢，有什么关系呢"。如果确信两人之间存在着爱，那就"照着自己希望的样子去想"，不就好了。

　　在恋人之间经常发生这样的对比。多数情况下，男性想得多，女性觉得没必要这么麻烦。但有时情形也会反转。相爱，深入思考很重要，思考过以后无条件的信任也很重要。因此两人各自承担着相爱所必须的不同角色，齐心协力时你好我好，一旦失去平衡，就会互相指责。一方责备对方"没见过你这么欠考虑的人"，另一方会嫌弃对方"根本不相信别人，成天疑神疑鬼的"。爱，确实需要非常微妙的平衡。这个平衡状态一旦崩溃，爱瞬间就能化为憎恶。

"事件"和"体验"的差异

民部到 P 宾馆去见柏木纯子和冰室花子。见到以后民部一脸愕然，才知道冰室花子不是他毫无根据地想象的萩寺聪子，而是以前也在剧团作过研修生，改名之前叫冰室巴。民部想起来冰室年轻时的样子，天主教信徒，日常行为举止规矩严格。当时民部还想要娶冰室这样的人为妻。

民部说起当年想结婚的愿望，冰室说自己现在已经脱离了日本式"家族利己主义"，获得了自由。据花子自己说，她在巴黎作为聪子的好朋友一直在一起生活，后来不断地从聪子手中抢夺角色，才慢慢地出名了。而聪子在花子的阴影下自杀了。花子对民部说："你看！"然后表演聪子的走路方式。民部感觉就像是死去的聪子在花子的身体里复苏了。

跟两人告别之后回到 P 宾馆房间的民部，在醉意中左思右想终于下决心去找花子，进了花子的房间后看到两具纠缠在一起的裸体，是花子和纯子。

好像不经意间闯进了王朝末期悲剧性的性爱颠倒的世界，这是一个处于纯官能陶醉的远方，融合了连性别、人格、生命的逻辑都混沌无形的甜美的恐怖世界，这是一个《真假鸳鸯谱[1]》世界。我被困在这样的幻想中，一动不动地看着刺眼灯光下纠缠在一起缓慢律动着的白色肉体。

作品以这样复杂交错的场景结尾了。这里限于篇幅不能详细介绍了，小说中还有不少与鱼崎相关的虚虚实实、错综复杂的男女关系的情节描写，欲知详情，可参照原作品。

中村真一郎在这里给我们展开了一幅王朝末世的长卷绘画一样、由往来世俗男女编织成的世界。关于这个世界，中村最想表达的莫非正是这

1《真假鸳鸯谱》:《とりかえばや物語り》，成书于平安时代（794—1192 年）后期。书中讲述一位大臣的一对儿女，男孩儿羞涩、女孩儿豪爽。各自按照性格性别成人后，以不同于生理性别的伪装身份分别供奉朝廷和后宫。后经历诸多风波，又不为人所知地换到对方的角色，各自取得成功，身居高位。

一段："我自山泉重新舀起一瓢恋爱之水，但不同的仅仅是容器，瓢中之水毫无新意"。用这样的文字描述男性的厄洛斯，可以说很恰当吧。

但因此而产生的融合，却又威胁着自我的存在。或许自我为了逃避这种威胁，平安时代的男人们经常把挂在嘴上的"爱色"——不同于通常说的"好色"——作为人生的理想状态。生活在当代的我们，简单地模仿平安时代的人们肯定是行不通的。但话说回来，也不能太拘泥于自我。像冰室花子已经摒弃掉的那样，以家族利己主义方式活着，那我们可能在恋爱的泉水中什么也舀不起来了。

这部作品的情节可以说是在仔细斟酌着这里讨论的所有内容的基础上构成的，很遗憾没有充足的篇幅详细介绍。有一个情节比较重要，追加说明一下。唐泽优里江是日本男子和法国女子结合诞生的孩子。她的父亲，从战争中一直到战后，以一个学者的身份把"日本式思想上的无节操"发挥到极致。优里江对这样的父亲从骨子里感到厌恶。

这个事实与整体的故事走向有着密切的关系。轻率地谈论"融合",过于倾向于暧昧,很难称得上是一个生活在现代的人,必须保持自我的一贯性;但是如果一路上把聪子、优里江这样的女性一个个地融合进来、占为己有,那不就把这些女性的自我破坏得体无完肤了吗?对作为个体的女性绝对缺乏尊重。

这也就是男女关系、厄洛斯问题的困难之处。针对这个问题,中村真一郎想表达的会不会是这样呢:融合体验对两者来说都是一种超越个体的体验。我们要重视每一个人的"自我",但每一分每一秒都以此为中心生活,必定失于肤浅。从根本上来说,拘泥于此,就无法定位"死"了,如果可以说自我因"死"而毁灭,那么活着究竟还有多大的价值呢?

因为承认灵魂的存在,人类的"活着"才有深度。灵魂超越个体,厄洛斯可以说是我们触及灵魂的通道之一。自我暂时让位,从中心退避开来，"极乐忘我"才能临门。但不可就此放纵，正是因为有随后而来的自我的参与，这一切才能形成"体验"。如果厄洛斯独步天下，结局只能称为"事故"。但说穿了，这是自我和灵魂之间的纠葛，只有当它动摇了我们作为人的存在整体，才能够成为当事人的"体验"。这里边既有超越个体的体验，当然也包含着可以讲述给别人听的"自己的生存体验"之类的内容[1]。

（引用自新潮社《新潮日本文学 48 卷，中村真一郎集》收录的《爱恋之泉》）

---

1 作为一种可能，这段话可理解为：意识的中心为自我。只有当自我的控制力度减弱时，无意识空间的能量才能流入意识领域，给原本有序的人格带来混乱，随后才有变化、升华的机遇。这种有可能使人格更加丰富多彩的过程，伴随着不可掉以轻心的动荡和危险。经历过后，自我必须再度恢复对人格的掌控，否则局面将一发而不可收拾。

第八章

两个太阳―佐藤爱子《无风的光景》

朝日和夕阳

曾经有一位中年时代接近尾声、即将步入老年的女性，讲述自己的梦。

看着美丽壮观的夕阳渐渐西下，忽然一回头，发现东边又有一颗太阳冉冉升起。

不仅仅是这位女性，其他还有差不多年龄的女性也说到曾做过"两个太阳"的梦，都很打动人心。

从时代的进程来看，现在将要步入老年的女性年轻时大多数都迫于生计，没有过像样的青春时代。等到她们快老的时候，时代的风潮发生变化，社会充满了"年轻人的文化"，看上去年轻人都在尽情地享受着人生。英文的enjoy是个非常合适的词汇。这时候再回想一下自己的青春时代，基本就是一片灰暗，"欢乐"几乎等同于罪恶。任劳任怨，是最高的美德。遵从父母的意愿，或者仅仅相亲见一次面就结婚了。生存是第一位的，爱啊、恋啊之类的感情根本找不到立足之地。

但围绕着自己的整个社会已经发生了变化，那些曾被认为毫无可能性而被压抑在自己内心深处的东西，也突然在脑海中涌现出来。自己不也应该有"青春"吗？自己不也可以追求"独立自主"吗？这些想法，用早上初升太阳的意象来表达，简直太贴切不过了。但另一方面，现实又非常确定地在慢慢向着死亡走去。落日的意象正表达了这一方面的情形。结果，心中就有两个太阳并存。

人类传说故事中，有很多都涉及"征伐"太阳的主题。很久很久以前，天上有两个太阳，没有白天没有晚上。天空一直明亮无比，人们永远得不到休息，苦不堪言。于是有人想尽办法，把一个太阳射下来变成月亮。人世间终于有了白昼和黑夜，从此大家幸福地生活下去。

但是人类心中的"两个太阳"，是否可以简单地射下来呢？到底应该怎么办呢？这个问题相当棘手，在我们国家目前这种状态下，很多女性都怀抱着这个难题。

为了思考这个问题，我们借用一下佐藤爱子的《凪の光景（无风的光景）》。这部作品中，有一个人物叫信子，六十四岁。书中生动地描写出信子是如何应对"两个太阳"的问题。当然，这个问题也波及到她周围的家庭成员，大家都和这个问题有着千丝万缕的联系。描写信子的同时，小说也非常精准地刻画出相关家庭成员的群像。

小说开头第一句："大庭丈太郎，人人都会说他是个幸福的男人。"丈太郎七十二岁，是信子的丈夫。他确实很幸福。住处是以前在东京用很低价格买到的带一百多坪土地的独栋住宅，从小学校长的位置上退职后，又做了教育委员长等职位。年满七十岁从公职退休，现在日日悠闲自在。宽敞的院内住着儿子和儿媳，现在孙子也有了。怎么看都是完全没有烦恼的生活啊。即使丈太郎比较自我，自从结婚以来，妻子信子也从来没有一句怨言，总是顺从丈夫的意志。丈太郎自己也承认："如果现在的自己有所谓的幸福，那也是因为有一个叫信子的妻子的存在。"但是，人类的幸福，出乎意料地脆弱。

某一天，信子突然说要去参加女校时代的同学会。丈太郎看着信子的浓妆，还有飘逸的衬衫，吃惊不已。吃惊的不仅仅是这些，信子还宣称："我已经决定，从今往后要改革生活观念。""丈太郎惊呆了，坐在那里说不出话，一头雾水搞不清楚是怎么回事。虽然能隐约感觉到信子身上发生了某种新的变化，但到底发生了什么呢？"要说这"新的变化"，就是在信子的内心，另一个太阳开始升起。

丈太郎只能到儿子家去吃饭。独自一人在家的时候，能切身感觉到"有信子的家和没信子的家，空气都不一样"。他认为，"老婆嘛，就像是一个旧的食品柜一样，已经深深地嵌入生活中了"，可是晚归的信子一点儿都不像个"旧食品柜"。像往常一样，进浴室洗澡的丈太郎大声喊着："搓背……"，信子回道："背，你自己搓吧"。

在这个像是晴天霹雳的第一次打击以后，信子又追加了一击："要跟朋友一起去温泉旅行，两三天就回来吧。"丈太郎实在搞不明白："为什么要去旅行？"他对妻子心中升起的太阳依然毫无察觉。

信子和春江、妙三个人一起到温泉旅行。听春江讲她的离婚过程，感动得不得了。春江发现丈夫出轨后，很干脆地就离婚了。在她宣称要离婚的时候，"那人竟然恼羞成怒，'为了你和孩子生活得安逸，我在外边不辞辛苦地工作，你不知道吗？不要说傻话了！'我只能回他，那我不辞辛苦的日子算什么呢？"春江快人快语地说着，信子和妙满心感动，洗耳倾听。

春天来临

温泉旅行的过程中受到春江的鼓动，信子回家后越来越强硬。看着跟原来大不一样的信子，丈太郎本来应该会大发脾气的吧："你把我当什么呢？"可不知为什么，却发不出火来。丈太郎满心疑惑，却还是按照信子所说行动着。虽然心里还是认为"当然都是信子的错"。

"两个太阳"，也有点像季节本该秋天了，却又迎来了春天。实际上，在信子身上，迎来了名为"青春"的春天。信子正在经历以前从未体验过的"恋爱"，对方是对门家里的年轻人浩介，眼下正在家里复读准备第三次考大学。用丈太郎的话来说，浩介就不是个什么好东西，两年都没考上，还不好好读书。经常带女孩子回来过夜，还时不时地彻夜打麻将。这个不是什么好东西的年轻人，在信子眼中就是另一番景象了，"非常温和、爽朗，越看越帅"。

浩介就像是现代"躺平"青年的典型一样，一天也不知想些什么。信子深夜回来时，撞见他跟女孩子在路边拥抱亲吻。信子只能停下脚步等着，一会儿觉得太不检点了，一会觉得看上去好美。两种心情交错中，浩介突然抬头看见信子："啊，是阿姨啊，晚上好！"一点儿也没有不好意思。

信子对这场面感动不已，说给在家等得心急火燎的丈太郎听。"日本也变成这样的时代了啊。没什么见不得人的，自然、帅气，太美了。现在，新的日本人已经成长起来了……"面对这样的妻子，丈太郎只能憋足一口气，发出破钟一样的声音，大吼："混蛋！"

受对门浩介的影响，信子好像也变得年轻了。每次浩介过来，她都会热情地招待。仅仅看着浩介豪爽地吃着网纹瓜，心情就好得不得了。信子的儿子谦一看见了也想吃，信子毫不客气地回答他："已经没有了"。谦一看信子给浩介吃网纹瓜，心里很不舒服："切了那么大一块给他吃！"小的时候，信子给谦一吃网纹瓜，总是只有那一块的三分之一大小，而信子自己从来不吃。

新时代日本人浩介的成长实在太惊人了。他的女朋友怀孕要做流产手术需要十万日元，实在没辙只能找信子商量想办法。面对这么"不知羞耻"的事情，丈太郎远在一边竟然在对话中听到"这只是一个失误，对吧"，而且说话的同时还有吃桃子的吧唧声伴奏。"这又不是一边吃桃子一边闲谈的话题"，极度愤怒的丈太郎冲出去，与浩介进行了激烈的争论，但两人的想法完全不同。女孩儿怀孕了，到底是不是自己一个人的责任，谁说得清楚呢。听浩介说出"仔细想想，还是男的比较亏"，丈太郎冲上去就要揍他。但他最终没能让自己的拳头落下来。妻子抱住浩介护着他，丈太郎"生平第一次看到妻子细细的眼睛，因憎恨而闪耀着敌对的光芒"。

浩介趴在信子的膝盖上，一边抽泣一边说："我喜欢阿姨……"

信子在犹豫要不要借给浩介十万日元，就去找春江商量。春江毫不客气地说，信子对浩介的情感，就是恋爱情感。信子听了，大吃一惊。信子认为不能用邪念去想浩介说的"喜欢"，"而应该理解为不过是一个处于母爱饥渴中的青年在寻求替代品而已"。

平心而论，信子的感情明显是恋爱。当然，这中间也混杂了母性爱。但无论如何，其基调是青春期的恋爱感情。对自己未曾有过的东西的强烈憧憬，以及对现实的绝对无视，这就是青春期恋爱的特征。如果信子正常的辨别能力恢复过来，那么就能看到浩介不过是个一无是处的年轻人。但现在她看不到这些，不仅仅是看不见，当丈太郎指责浩介时（虽然这么做有一定的道理），反倒让信子内心的火焰燃烧得更加凶猛。

青春的课题是"恋爱"和"自立"。信子跟以前相比完全变了一个样子，开始对着丈太郎发出自己的声音。丈太郎说"以前的年轻人多么好"之后，总会拉扯出对"现在这些小屁孩儿"的指责，每到这时候，信子都会站出来反驳。丈太郎说浩介让女孩儿留宿太不像话了，信子就会问他怎么看以前的男人去买女人。丈太郎说起当年朋友收到征兵令时，大家都觉得他回不来了，"还没尝过女人的滋味儿就死，太可怜了"，就一起陪他去吉原[1]，但又辩解说自己什么都没做。信子马上指出来："什么叫没尝过女人的滋味就死……就去买女人？那被买的女人就不可怜了吗？"相对而言，浩介做的事情"是双方认同，在两人共通的责任范围内的行为，是人与人之间欢乐的沟通"。

确实，信子的观点更加合理，丈太郎能说的只剩下"人生不是讲道理"一句话了，而且不占理，没法大声说。信子乘势而追："你不过是觉得我很好使唤吧，从来就没有爱过我！"六十四岁的老太婆，都这会儿了，竟然说起什么爱不爱的，丈太郎不禁一阵眩晕。但信子的内心，现在不是老太婆，而是处在青春期的正当中。

---

1 吉原：东京地区的花柳街。

家庭成员星座

《无风的光景》中有趣的是不仅写了丈太郎夫妻的事情，在儿子谦一和他的妻子美保之间也同时展开着人间戏剧。这两条线平行进展，暗示着想要做出改变，仅仅本人变化是无济于事的。在信子心中因春天来临引起的变化，不可能不影响到她周围的人们。"春天"没准儿来到了这整个家庭。虽说，对于春天的来临，有的人敏感，有的人迟钝。

谦一是一位很能干的汽车销售员，妻子美保完全是新时代女性，工作、家庭两不误，在照顾家庭的同时，满腔热情地从事着杂志编辑工作。两人有一个叫吉见的儿子。用丈太郎的话说，吉见跟周围邻居的孩子们既不吵架、打架，也不干坏事；既不哭闹，也不到处乱跑，简直就是个啥都不干的费解之物。吉见的爸妈对他倒很是满意，觉得自己孩子乖，不惹事。

美保对家庭成员的看法如下：

丈夫虽然不是一流大学毕业，但很善解人

意；公公虽然很倔，但时常有些可爱的举动；婆婆虽然是唠唠叨叨的性格，但从不多事，而且总是很尊重美保的意见。儿子虽然学习成绩不怎么样，但乖巧听话。

这么看下来，美保不禁觉得自己太幸福了。

再来看信子。在她看来，是自己支撑着丈夫丈太郎的幸福生活，而对于她这种常年忍耐顺从的日子，丈太郎却毫无感觉。美保是新型女性，不像信子那样生活，而且感到很幸福，对自己的生活非常满意。但她没有想到的是，她的幸福生活也是靠着谦一的支撑才能够成为现实。当信子发起独立战争的时候，在谦一那里同时也展开了一场同样性质的独立战争。就像信子找到了浩介这么个对象一样，在谦一那里，一个名为千加的姑娘登场。就像丈太郎看浩介不过是男人中的渣渣一样，美保看千加也是个"没有自我意识、没什么才能、软弱无力"的黄毛丫头。

家庭成员真是不可思议的存在。大家并没

有商量好，但每个人内心呈现出的样子却有着绝妙的对应关系。Constellation，意为星座。家庭成员之间的关系就像星座一样，互相保持着一定的距离，但又存在着引力，形成一个整体的布局。因而，星座中的某一个星星独自变化的现象几乎不可能发生。一般来说，很难看出什么是引起变化的原因、又会带来什么结果，就这么作为整体呈现出来。

"春天"也来到了谦一这里。可能会有人说："这看法太奇怪了，谦一和美保是自由恋爱结婚的，早就知道什么是春天了"，但人的一生并不是只经历一次春天。对信子来说，应该是第一次的春天来临（仔细想想，事情也不一定是这样）。美保认为自己和谦一是因"爱情"结合在一起，互相都很理解对方才结婚的。结婚当时没准儿对两人来说都是春天，也可以说至今为止天天都是明媚的春日。但春天也不是日日晴朗，破土而出的新芽，其长势通常凶猛，与自古以来的春日祭典相称。而且，正像斯特拉文斯基用音乐表现的那样，还具有一种荒蛮的力量。

谦一把"万事以和为贵"作为人生的第一原则。对自己的妻子美保，心底里藏有很多不满，有时忍不住也想说点什么。但一贯的个性使然，总是保持平和，以免争执。从美保的角度看，自己找了一个理解自己的丈夫，很幸运。这跟信子夫妇的状态多么相像。丈太郎也从不揣摩信子是否有自己的想法，认为自己喜欢的东西信子也喜欢，"有这么好一个妻子，自己太幸福了"。

信子终于提出离婚的时候，丈太郎吃惊到连发火都忘了。"怎么偏偏在谦一出轨、事情露馅儿的时候，这个女人要说出这种话呢？"其实，人生可能就是这样巧妙地构成的。家庭内部成员的星座，每颗星星之间的互相呼应，时常显示出难以计量的特性。后来，当谦一说起千加的宫外孕，为了对其负责，提出离婚。美保同意了这个提议。一贯谨小慎微的老好人谦一，终于迈出了一步，做出了"大伤和气"的事情。应该是一种迟到的"自立"吧。无论是"自立"还是"春天"都会变换姿态，一遍又一遍地来临。也就是说，人"自立"的过程永远没有完成式。

对信子的自立宣言，丈太郎拼命地反对。"都这把年纪了，老太婆一个人搬出去租房子住，太悲惨了吧"。信子反驳道："一点也不悲惨，自己一个人生活，充满了各种各样的可能性"。丈太郎决不让步："到底是什么可能性?"对丈太郎来说，这是再自然不过的质问了。不思前、不想后，仅仅被"可能性"这么个词迷惑，人不能蠢成这样啊。但信子毫无所动："就是为了找到这个可能性，才一个人生活"。说得很有道理，正是因为不知道前边会有什么，才称其为"可能性"。说老年人别自寻烦恼什么的，还真用不着你操那么多闲心了。

胜负未决

丈太郎因为离婚的事大受打击，感冒躺倒，拖了很久也没好转。他越想越理不清楚。妻子就像"那些向往着都市的乡下姑娘一样"，一门心思地要把家庭扔在身后。四十一年都过下来的夫妻生活到底还有什么意义。反过来，信子尽管说出来的都是豪言壮语，其实"也不是很明白自己真实的心情"。是真的想要和丈太郎分手，还是仅仅想大声说出"自己一点都不幸福"？或者期待丈太郎认错、改变态度？还是为了浩介？夫妻两人思绪都一团乱麻的时候，丈太郎感冒了，正好有了得以喘息的三天，不必贸然行动。身体的病症，通常都有一定的含义。心理上无法支撑下去的问题，身体接过来一部分承担起来，帮大家争取时间。

丈太郎心烦意乱，不由得把火气发向谦一："你的人生目标到底是什么？说出来听听！"面对气势汹汹的父亲，谦一说道："我本来就没有什么大的志向，但为了家庭和睦，我也在拼命地努力啊。可我也是一个人啊。"丈太郎又被气得火冒三丈："为了家里人压抑着自己、拼命努力，受不了就去跟别的女人混啊？这算什么诡辩！"说实话，这些，可能正是他想对信子说的话。"一直压抑着自己、为丈夫服务，受不了就随随便便想离家出走？不要诡辩了！"因为信子，他对谦一的怒火更加旺盛。但事到如今，谦一也不甘示弱了。"别嫌我说难听话啊，爸爸刚才说的那些都是大空话，现在的时代已经不吃这一套了。"眼看着要打起来的时候，信子插手总算让两人平静了下来。可谦一这个"自立"的气势真不可小觑。

信子跟朋友去夏威夷旅行，其间，谦一和美保决定离婚。妻子宣称要离婚、去夏威夷旅行，儿媳也要离婚放弃这个家，丈太郎的身体吃不消这些打击，连每天不可或缺的散步都经常懒得去了。一个寒冷的日子，总算走出门去，一边散步一边思考着。

丈太郎想着自己一辈子都没有什么享乐，

但并没有因为缺乏享乐而觉得人生枯燥无味。丈太郎是为了信念而生存的，一直为了信念而与苦难作斗争。这种辛劳使得他有了充实的人生，只可惜，妻子的不满也正因此而增加。

丈太郎突然作出决定：自己搬出去，把钱和家都留给信子，自己到人口流失严重的边远村庄办学堂。丈太郎对自己大声呼喊："大庭丈太郎，你的真实价值就这么决定了！"

另外，信子在夏威夷也有了珍贵的体验。浩介来到夏威夷跟信子见面。交谈的过程中，知道信子打算离婚离开家里，吃惊不已。但说出来的话却是："我既不反对也不赞成啊，又不是我自己的事情"，一副事不关己的模样。接着突然说："阿姨，我想跟阿姨做"，信子拼命地喊："不要，不要！"浩介一脸不解："为什么啊？阿姨不就是等着跟我做吗？"过了一会儿，见信子不为所动，说句再见，就把哭泣的信子扔下，自己走了。

这一场景象征着信子恋情的结束。我们大

概可以说，在恋情结束的地方，信子一直跟"恋"搅浑在一起的"爱"才开始萌发。就像信子看着浩介突然说出来"阿姨，我想跟你做"，是那么不可思议，对浩介来说，一直不停地发出"想做"信号的信子（在他看来是那样的），到了关键时刻又拒绝，也同样不可理解。往后，两人下决心坦然面对双方互相不可理解的部分，爱才能够萌发出来吧。

信子一回国，丈太郎就明确地告诉她自己要离开家的决心。终于到了要付诸行动时，信子切身感受到"从今往后一直持续到死的独自旅行的孤独"，这孤独"在渐渐地收紧它的环"。突然间，好像"被意想不到的强力推着"，信子对丈太郎说：

"折腾到今天再说什么就有点任性了，但还是让我再好好考虑一下吧。"丈太郎回答："嗯。"信子不由得再确认一次："可以吗？"丈太郎再次肯定地说："嗯！"

到了这一步，信子才第一次真正被自己内

心底层涌现的力量驱动而发言。对着自己呼喊"你的真实价值在这里"的丈太郎也对妻子做出了回应。

至此并未决出胜负，真正的战斗才刚刚开始。被时代的口号驱动着的人生姿态不过是被概念性地分类而已。为信念而活的丈太郎，从忍耐服从的状态中清醒向着自立的方向前进的信子，新型女性美保以及只求万事平稳的谦一，这些人的姿态或多或少都代表着某一种类型。而信子最后的决心，不是来自哪一个现成的口号。与丈夫四十一年的夫妻生活、和浩介的恋爱体验、围绕儿子离婚的种种，所有这些经验酝酿出一个决定。这些是信子的个性使然，而丈太郎也在自己体验的基础上，呼应着妻子。

接下来的生活才是真正考验人的地方。他们会怎么生活？他们的生活方式无疑也左右着孙子吉见将来如何迎接自己春天的到来。

（引自朝日新闻社出版《凪の光景》）

第九章

母性的遊女——谷崎润一郎《刈芦》

场所和我

中年阶段，人们年龄渐长，眼光会从外界重新回到自我的存在，关注自己到底是什么？

当然，这个问题每个人从年轻时就一定程度地思考过。即便年纪轻轻，也知道要珍惜自己的生命，会思考怎样才能充分发挥自己的聪明才智。一般来说，人们在寻找理想职业、寻找理想配偶的过程中很自然地逐步确立了独特的自我。

职业、家庭两方面都取得某种成功以后，思考的内容进一步深入到"自己到底是什么"时，会发现引导自己走到今天的基本上是社会地位、能力、财力等因素。尽管成功的内容丰富多彩，但其衡量尺度都在外部，通过这些尺度可以比较明确地在社会上给自己定位。比如说"我是某某公司某某部门的负责人",那么根据公司在整个社会的排名、大众对公司这种组织中部门负责人地位的普遍认识,可以得出自我评价:"我还算是个蛮厉害的家伙嘛""嗯,我还行吧"等等。遵循外部标准,比较容易找到"我到底是什么"的答案。

这种思路非常方便与别人作比较。比如说用"年收入"作指标的话,可以简单地按从事的职业、居住区域排出顺序。从使用范围来看,这一类指标的特性使得其评价体系具有普遍适用性。

但当人们开始思考"我"是什么的时候,就会出现一种完全不同的模式。比如说,"我",现在一个人坐在山间小屋前,望着连绵山峦。有的时候,可能这一句话就足够了,仅此,就可以体会到"我"的存在。眼前的山、周围的空气、自己的身体状况,全部浑然一体,支撑起"我"的感觉。

感觉不到这些的人,就会热衷于描述我那

天看到的山有"海拔多少多少米",我为了看这个景花了"多少多少钱",这个地方"多么多么有名"。这样的人即使和刚才感受到"我"的人看到的是同样的山,衡量事物还是在依赖外部尺度。

　　一般性的、具有普遍意义的尺度容易理解,对他人具有很强的说服力,方便与他人比较,因而很多人习惯依赖这种评价方式。但,仅仅这样就足够了吗?有些以"年收入"为骄傲的人,并没有显示出与他人不同的独特性。相对而言,如果某一个特定时间点在某一个特定的场所,能够感悟到:"嗯,这就是我!",这就脱离了与他人比较的范畴,具有难以还原到一般外部尺度的独特性。不仅仅从一般尺度,从非一般尺度也能感受到"我"是什么,才能说是真正理解了"我"。在从中年向老年过渡时,发现这样的"我",就成为该阶段的重要课题之一。

　　如果只能还原为一般尺度下的"我",即使用这个尺度衡量取得的"成功",那也肯定前有古人、后有来者，自己不过是这帮人其中之一。好不容易到这世上走了一遭，能不能活出既无先例、也不容易被后人模仿的独特个性呢？

关于人与场所的关系，也有类似的情形。我们可以用一般的尺度，比如说海拔多少米、人口多少等等来描述某一个地方。但超越了普遍意义的尺度，有些地方会附带特殊的重要性。举个简单的例子，"故乡"就是一种吧。这样的场所，在其他人看来没有什么特殊意义，但对某一个人来说可能就是"心灵可以得到安宁"的地方。很久以前就建有神社、佛寺的地方，也往往给人一种庄重的感觉。

我们说"场所"，并不指某一个单纯的地点，而是受到了包括周围一切的整体气氛的影响。某一时点，某一地点，对某一个特定的人具有特定的重要意义，我们称这个意义的"场所"为 Topos[1]。找到那个 Topos，并且在与

---

1 Topos，希腊语，意为场所、地点。

Topos 的关联中定位"我",那么人就具有了稳固的独特性。到达这个境地,才能够心平气和地迎接仅此一次的人生的终点。在衰老和迎接死亡之前,中年阶段需要完成这项重要任务。

拖拖拉拉地写了这么长一个开场白,我们这次要介绍的是谷崎润一郎的《刈芦》。有趣的是,《刈芦》也是个"开场白"很长的作品。作者和一位出来散步的五十岁左右的中年男人偶遇,作品由邂逅的男性讲述的自身经历构成,可终于等到这男性开讲的时候,已经到书的三分之一处了。作者写这么冗长的"开场白",就是下功夫想把读者诱导到某个不可思议的 Topos 去吧。

在慈母的怀抱中

《刈芦》的主人公趁爽朗的秋日出门散步。目的地是处于大阪和京都中间的山崎[1],那里有

---

1 山崎:京都府南部城市。

个名为水无濑[1]的神宫旧址。时已至黄昏，于是打算到淀川[2]河边去赏月。水无濑是个什么样的神宫呢？作品从《增镜》[3]中引用了长长的一段，我们可以知道，这是后鸟羽院[4]非常欣赏的离宫，时常来访。而且山崎一带正好是战国时代[5]武将们活跃的地区。作者下了电车，一边散步一边还想起了平安时代[6]的诸多史事。

---

1 水无濑：水无濑神宫，镰仓中期由后鸟羽上皇在水无濑川和淀川交汇处附近修建的神宫。

2 淀川：滋贺县山间溪流汇聚为琵琶湖后，由大津市形成濑田川，途中与京都府奈良县境内的桂川、宇治川和木津川合流成淀川，流经大阪平原向西南方注入大阪湾。

3《增镜》：14世纪后期成型的历史故事。自后鸟羽天皇（第82代）的出生记述至后醍醐天皇（第96代）由隐岐流放处回归皇宫的一百五十多年间贵族社会的生活。

4 后鸟羽院：1180—1239年，镰仓初期天皇，诗人。因追讨镰仓幕府执权北条义时失败被流放至岛根县隐岐岛。著有诗集《隐岐本新古今和歌集》《远岛御百首》《隐岐五百首和歌》等。

5 战国时代：15世纪末至16世纪末（室町时代末期）战乱频发的时代。

6 平安时代：8世纪末迁都至平安京（现京都）至12世纪末镰仓幕府成立的约400年间。

到了离宫的旧址，想到"这是镰仓[1]早期就有很多王公贵族举行盛宴的地方，眼中看到的一木一石都令人感动"。四周望去，并没有什么可以称为奇胜绝景的地方，"反倒正因为山水之平凡，才更能诱发自由的甜美幻象，让人久久伫立不忍离去"。这样的景色，"乍看并无奇特之处，但长久伫立，就会有一种沉浸在温暖柔情中的感觉，像是被慈母拥抱入怀"。

主人肚子饿了，去店里就餐时还在咀嚼着刚才体验到的情感。餐后，提着一壶烫好的正宗[2]热酒乘渡船到淀川的中岛去赏月。其间，他又在脑中自由描绘古时在这一带徘徊的遊女[3]形象。"在大江匡房的《遊女记》中记载了名为观音、如意、香炉、孔雀等有名的遊女"。主人公继续沉溺于自己的思考："据说这些遊女都以佛

---

1 镰仓时代：1180—1336 年，镰仓幕府与朝廷并行成为全国统治的中心。

2 正宗：京都伏见地方的清酒铭牌。

3 遊女：宴席中主要以舞蹈等技艺招待男性客人。根据时代、场所不同，也有按照客户要求提供性服务的情况。

性十足的名称作为自己的艺名，缘于相信卖淫是一种菩萨修行。把自己比作现世普贤菩萨的肉身，甚至有时还会受到尊贵的高僧礼拜的这些女人们，会像水流冲出的泡沫一样再次浮现在河面上吗？"

这时候，突然间"芦苇丛中有一个像是我的影子一样蹲着的男人"开口搭话，靠近身来，拿出他的葫芦倒上一杯酒劝饮。主人公不客气地一饮而尽，"刚喝了壶装的正宗热酒，再喝这适度木香味的醇厚冷酒，嘴里感到一阵清爽"。几杯酒下肚，男人开始聊起自己的身世。七八岁的时候，十五的月夜，父亲带着他乘船一直到伏见[1]，往巨椋池[2]方向走了两里[3]路，到了一个

---

1 伏见：京都市南部区域，因从桃山丘陵地带俯瞰的景色而得名。域内多优质水源，因而清酒厂集聚，著名的铭牌有月桂冠、菊正宗等。

2 巨椋池：曾存在于京都府南部境内的淡水湖，经丰臣秀吉修建伏见城、1930—1940年的围垦工程等，现已成为农地。曾因其往日美景成为古今文学作品的素材。

3 里：日本战国时代的度量单位，指道路的距离单位，约3.9公里。

富家大别墅去。从灌木篱笆的缝隙往里看，有五六个男女在举办赏月家宴。以美丽的女主人为中心，有人弹琴，有人跳舞，整一个优雅的赏月宴会。

父亲称这家女主人为"遊女士"。男人一边回想着父亲当年说给他听的事情经过，一边讲了如下故事。

遊女士是大阪的商家之女，结婚后丈夫去世，二十二三岁就成了寡妇。因生有一个男孩，她就留在夫家过着悠闲自在的生活。讲故事的男子的父亲也出身于商家，身为嫡传儿子，即家业的继承人。在一次外出观剧时，偶遇遊女士，一见钟情。

父亲说过，"遊女士的脸庞有一种雾里看花一样的气氛，脸型、眼睛、鼻子、嘴巴，都像遮着一层薄纱，没有明确的线条。一直端详，慢慢自己的眼睛也像起雾了一样，感觉她周身霞光缭绕。以前说的优雅就像是专门用来形容她的长相一样。遊女士的价值就在这里吧"。

就这样，父亲对遊女士一往情深（当时父亲二十八岁，遊女士二十三岁），但没办法和遊女士结婚，就和遊女士的妹妹静小姐相亲。为了多一些见到遊女士的机会，两次、三次地跟静小姐相亲。结果两人遵从遊女士的意见，结婚了。可没想到，"新婚之夜静小姐哭着对父亲说，自己是在婚礼当晚察觉到姐姐的心思才嫁到这里来的。委身于你对不起姐姐，可以一辈子只作名义上的妻子，只希望你能让我的姐姐幸福。"原来，遊女士也悄悄地爱着父亲。

从此，三人开始了奇妙的生活。父亲和静小姐只是有名无实的夫妇，两人一有机会就请遊女士到家里来，或者一起出去旅行。但父亲和遊女士之间并没有发生过性关系。因着遊女士，三人就这么互守贞操，过着奇妙、幸福的日子。

可是，这讲故事的男人是怎么被生出来的呢？别的不说，有一点是很明确的，尽管遊女士不是自己的生身母亲，这男子对周身发出薄雾气氛、具有包容一切的美丽的遊女士，有着一种憧憬，感受到"被慈母怀抱的温柔情感所羁绊"的 Topos 的魅力。今晚借着月光的吸引力，给葫芦里灌满酒，出门徘徊飘荡到这里。

圆环的时光

这个男人关于遊女士的故事还在继续。

三个人经常相约结伴出去旅行，在外住上一夜或是两夜。每到这时，遊女士都是跟夫妇两人同在一间房中铺上各自的寝具，并排睡着。这样渐渐形成了习惯，不出去旅行时，遊女士也经常让妹妹夫妇二人留宿，或者在妹妹家里过夜。

如此，三人的关系愈加亲密。

遊女士有一个孩子，已经不用喂奶，而且有乳母照看着，所以她很少带孩子一起出门。有一次，"遊女士的乳房涨奶，于是就让静小姐帮她吸。在旁边看着的父亲笑着说你还吸得蛮好的，静小姐回答说，我一直帮姐姐吸奶的"。因为有乳母喂孩子，所以遊女士并没有亲自给孩子喂过奶，只好一直让妹妹帮她吸。父亲好奇是什么味道，妹妹就接在茶碗里，让他尝尝。父亲看似不动声色地喝着，心里却按捺不住骚动，不由自主地满脸通红。三人之间的距离越来越近了。

过了一阵子，静小姐把自己夫妇间的秘密告诉了姐姐。"遊女士最初吃惊不已，她说自己不知不觉当中竟然犯下如此罪孽。让静小姐夫妇做出这样的事情，真是觉得来世可畏、痛苦难耐。不过到底还不是什么无可挽回的事情，从今往后你们一定要像正常的夫妻一样生活啊"。听了姐姐的话，阿静并不理会："这是慎之助（父亲的名字——河合注）和我按自己的意愿做的事情，姐姐就不用管了。"知道真相以后的阿遊女士本想远离二人，但还是没有做到。于是三人的关系越来越亲密了。

走进阿遊的心中看看，好像她自己费心编织的篱笆被拆散得七零八落，心情出现了缝隙。想记恨妹妹又恨不起来吧。那以后，阿遊凭借着自己与生俱来的大方性格，尽情享受着妹妹夫妇对自己的偏爱。

结果就是，阿遊接受了世间对她所有的好，优雅、美丽、任性地活着。可以说，在"篱笆被拆散得七零八落，心情出现了缝隙"时，三人融合的关系并没有走向崩溃，其原因在于他们互相之间都严格"遵从着既定的操守"。

"话说到这儿，不能不为阿遊和父亲辩解一番了。感情进行到这种程度，两人都没有试图突破最后的防线。""父亲曾对阿静说过，到了今天也没有什么对不起对得起的了，但即使两人铺盖枕头并排入眠，该守的规矩都严格遵守。这一点是在神佛面前立过誓的。这么做可能不合你的意愿，但不管是阿遊还是我，宁可把你的想法置之脑后，都因为害怕神佛降罪，守着底线也是为了让自己心安吧。"这段话明确地表明，维持三人的关系，对神佛的敬畏是必不可少的。也可以说是一种美德意识吧，与西方重视善恶判断的伦理观有着很大的不同。

这样的日子也只持续了三四年。在阿遊

二十七岁那年，孩子因为麻疹转肺炎死去以后，周围出现了不少指责声，认为阿遊作为母亲的失职行为不可容忍。责难声中还有人指出阿遊和阿静夫妇的关系过于亲密。终于，阿遊被送回已经由长兄当家的娘家。阿遊被婆家退回来以后，有名的酒商宫津因仰慕阿遊的美貌，承诺"阿遊来了以后不会让她在伏见的店里操劳，要扩建巨椋池边上的别墅，改造成阿遊喜欢的茶室风格，她只要住在这里随心所欲过日子就行"。

事到如今，父亲曾想着与阿遊一起为情赴死，可阿静受不了"丢下我一个人"，也要一起去死。父亲既反对阿静的想法，更觉得"阿遊就应该永远纯真无邪、天真烂漫地被一群人伺候着过荣华富贵的日子。让有机会过这种日子的人去死，实在太不忍心了"。父亲把自己的想法传达给阿遊，"阿遊沉默不语地听着，静静地落下了一滴眼泪。然后，马上就换了灿烂的笑容，抬起头来爽快地说，'好像是这个道理，那就按你说的做吧'。既没有怯懦，也不给自己找借口"。

就这样，阿遊和宫津结婚了。不久后父亲因生意不顺而家业凋零，想着"阿静作为阿遊的妹妹，也太可怜了。于是和阿静真正地结为夫妻"，生出了讲故事的这个男子。男子因为今日月圆，要到巨椋池的别墅去看阿遊。这时候作者问道："别嫌我说话不好听啊，这么算下来，阿遊应该有八十多岁了吧"，可抬头一看"男子的身影不知何时已像融入月光中一样，不知去向"。

在这个作品中，时间并没有划一条从过去到未来的直线，而是在包含了过去、未来和现在的领域内以圆环的形式不断游动。父性的时间特征是线性的，相对而言，母性的时间则表现出圆环特征。既没有开头，也没有结束，一切都作为整体的一部分存在于圆环之中。

现实的多层性

在我们能感知富有母性特征的 Topos 的场景中听故事，可以感觉到讲故事的人也像是阿遊的孩子一样。而且看他对阿遊的情感之深，说他本人就是自己口中的"父亲"好像也没什么奇怪的。况且，那个父亲自己也喝过阿遊的乳汁。阿静一会儿是阿遊的妹妹，一会儿又好像跟阿遊合为一体，在人与人之间斡旋的熟练程度，就像是个深谙世事的老妓，根本无法用普通固定的年龄来看待她。讲故事的人甚至说现在还能看到阿遊在月光下跳舞的样子。

《刈芦》在写到这些"现实"之前，开头就很周全地讲述了 Topos 具有的多重性。从平安时代开始的"现实"都沉淀积累在那个地方。从这个意义上来说，就像千叶俊二在岩波文库《吉野葛·刈芦》的解说中指出的那样，"作品和谣曲[1]《江口》具有相似的形式，也就是说，《刈芦》采用'梦幻能[2]'的形式构成了作品的框架。"

在《江口》中，作为配角的某行僧想起了

---

1 谣曲：能乐的词章（唱段、台词、脚本）。

2 梦幻能：世阿弥创立的一种能剧形式。上半场，配角（僧侣、旅行者等）遍游名胜古迹，后半场主角（主人公的亡灵等）出现在同样的地方讲述自己的经历、恩怨等等。

西行[1]与主角娼女江口之君和歌问答的逸事时，江口之君就突然现身，告诉行僧，自己是江口之君的灵魂。后半场，江口之君和众多娼女一起登场，哀叹着自己一生的境遇。不久，她变身为普贤菩萨，渐渐向远方消失了。那么《江口》的主角到底是谁呢？可以说白洲正子[2]的回答触及了本质。《江口》的主角既不是娼女，也不是普贤菩萨。"这出剧的主角不应该是根本没有登上舞台的西行吗？绝对不显形的西行之魂，临时借助娼女的姿态"展现出自己的故事（引自白洲正子著《西行》 新潮社出版）。

如果仿照这个解释，《刈芦》中的阿游就变成了为演绎作者的"灵魂之剧"而出现的人物。要回答"我是谁"这个问题，不能依赖财产、地位以及其他一般性的评价尺度，要深入了解

1 西行法师：1118—1190 年，日本平安时代末期至镰仓时代初期的武士、僧人、和歌诗人。俗名佐藤义清，僧名円位。出家后巡游各地，约 2300 首和歌流传至今，收入《千载集》《新古今集》等多首。
2 白洲正子：1910—1998 年，日本散文学家。

自己的灵魂所在，可以说正是中年时代必须完成的重要任务。只有这样，一个固有存在的"我"才能够显现出来。梦幻能的上半场和下半场出场的是同样的角色，但从"现实"这个维度来看，却完全不同。后半场的现实是灵魂维度的现实，后半场的舞，可以说是灵魂之舞。

就像能剧前半场和后半场的对比一样，中年阶段需要两个"我"。一个"我"面对一般社会，具有俗世的社会关系，有部长、父亲等各种各样的身份。但像后半场主角那样的姿态，在自己的内部活着才具有意义吧。我们需要明确地把握"其实，我是……""其实我的灵魂当中……"所要表达的形象。

在这里，作为心理治疗家的恶习又在作怪了，总想说点字面意义上的"现实的"话。就像我们刚才说的，现实具有非常复杂的多层性，了解这些，人生才能丰富精彩，意义也会更深远。但对这些"层"，我们心里还是要有个度，差不多就可以了。毫无防备，不计后果，一根筋地一层一层剥下去，没准儿会产生破坏性的结果，或者至少毫无益处。对这一点，要有清醒的认识。

如母亲般的遊女，具有无限的美感、可以接纳一切的包容性、无条件的温柔，对很多日本男性的灵魂之剧来说有着不可或缺的意义。但有些人会把这些与表层的现实混淆在一起，要求自己的妻子、恋人具有这般遊女特质。为了与母亲般的女人相称，自己在现实中的角色没准儿就变成一个古板乏味的儿子。这样会带来不好的一面，这个人永远像个小孩，不能长成真正的大人。而且，性情古板以致不知人间娱乐为何物。总之，会是一种很乏味的正儿八经。这种人的娱乐，大概只能是"背着妈妈偷偷去找烟花女郎"之类的吧，根本不具备现实生活中女性期待的强壮和素养，成为谁也看不上眼的人。

说了这么多，我们再来看看，阿遊作为主人公"我"的灵魂登场，而讲述阿遊故事的这个男子，到底是什么角色呢？他最初登场时，书中的描写是："他就像我落在地上的影子一样蹲在那里"。真是字面意思所示的那样，就是"我"的"影子"。也正是"影子"才能成为我们走进灵魂世界的媒介吧。灵魂的世界很深，想直接到达那里，非常非常困难。在能剧当中，配角不可或缺。《刈芦》中母性的遊女意象，其重点在于"母亲"。简直就像是为了避免"近亲相奸"，一再强调"严守操行，绝不突破最后的防线"。反过来，又巧妙地否定了通常意义上母性"养育孩子"的一面，防止母性意象偏向世俗意义的母亲形象。我们花工夫比较一下这样的阿遊形象跟西方的浪漫女性形象，应该很有意义。

（引自岩波文库《吉野葛·刈芦》）

第十章

野性—本间洋平 《家庭游戏》

儿童的"问题"

中年背负的人生课题，通常本人很难觉察。或者说虽然有那么一点感觉，但"工作"很忙、成天操心家里人的事情，不知不觉地就回避问题、躲进每日忙得团团转的日子里了。这时候，往往是孩子们敏锐地感受到中年父母的问题，为了警醒大人不惜制造出一些"问题"。话虽这么说，孩子们应该脑子里并没有"为了父母"而故意制造麻烦的明确意识，所以这种说法本身不一定正确。但后边我们会再讨论这个问题，现在先用这样的视点去观察吧。

作为我们这样的心理咨询师，经常会接触到来访孩子们的家长。孩子拒绝上学、成绩上不去、被人霸凌、偷窃……问题数不胜数。关注点放在孩子们的问题上，持续对话的过程中，父母的生活方式就会渐渐呈现出来，成为话题。经常是通过孩子的问题，才能打通父母之间、父母和孩子之间对话的通道。或者说，有时经过这个过程，才能看到父母一直背负着的、不为人知的经历中，存在着必须面对的人生课题。

这时候人们经常会简单地下结论：孩子有问题都是父母的错。但我们却不能用简单的因果关系来看待世间万物，这世上没有多少事情能粗暴地得出"谁之过"的结论。每个人都有各自背负的课题，选择逃避不去面对并不是好的解决方式。身处困境还不得不作出改变时，时常会有些违背常识的举动。要认识到这类行为隐含的深层意义，这不见得是单纯的坏事。通过孩子的问题，能厘清自己或者家庭成员整体需要面对的课题，并且作出改变，这才是父母应该采取的行动吧。

日常工作中能接触到很多这样的例子，所以当我打算以这样的观点来讨论时，就在想：有没有合适的文学作品呢？花工夫寻找了一阵子，终究没找到正好合适的。但有一本书，非常贴切地描述了生活在当代的中年家长，于是选用了这一本。

本间洋平的《家族ゲーム（家庭游戏）》翔实地记录了高中生男孩儿慎一的眼中看到的父母形象。慎一的弟弟茂之正是我们前边提及的那种"问题儿童"，而他的父母则是非常普通的家长，并没有什么特别不好的行为。当然对那些把在父母身上挑刺儿当职业的人来说，在无论什么人身上都能找到"需要反省"的地方，他们肯定反对我这一看法。

茂之是个名副其实的差生。在班上排倒数第九名，英语到目前为止考到的最高分数是26分，而且还口吃。已经上初三了，父母为他怎么升高中真是伤透了脑筋。作为参照物，哥哥慎一是货真价实的优等生，考进了有名的a高中。正像父亲对茂之的家庭教师说的那样，"哥哥这么优秀，能上a高中，弟弟怎么就是个蠢货，太让人头疼了"。

兄弟姐妹中，有人是"好孩子"，有人是"坏孩子"，这种例子比比皆是。用慎一的话来说，就是"因为有个让爸爸妈妈成天烦心的弟弟，我一直都必须得是个乖孩子"。但反过来，在茂之看来，"这难道不是因为家里哥哥在做个好孩子，所以我只能做个坏孩子"？测量孩子的尺度如果只有一个，当哥哥已经占据了尺子上优越的顶端时，给弟弟剩下的位置就不多了，再怎么拼命也无法超过哥哥。只好朝尺子的反方向发展，往坏的那边走到极端，想要证明自己是和哥哥不一样的存在。

大家都热衷于谈多元化，但我们国家的父母亲看待孩子时，很多人手上是不是只有学习成绩这么一把尺子呢？日本人当中很少有人能够看到每一个孩子身上独特的个性。加上普遍经济水平提高，多数人都能上得起大学了，上大学成了普遍的最低要求。想进好大学，就必须有好的学习成绩，这成为"好孩子"的必要条件。慎一家里正是这样，爸爸没有好的学历，年轻时只能靠自己打拼，辛辛苦苦工作才拥有了一间小小的汽车修理厂。爸爸不想让慎一走同样的路，最好能有个好大学的学历，这样就不用吃苦，可以舒舒服服过一辈子。基于这种想法，一门心思希望慎一能考进一流大学。

天下的父母都不想让孩子受苦，但却不知道，这会导致孩子受另一种意义上的苦。以前经济条件所限，很多孩子不得不继承父母的工作，心里再不情愿也没有其他选择。大家都会觉得被限制的命运很不自由，可是等到有选择自由的这一天，大家又都自由地挤在同一座独木桥上竞争。被推上去的孩子煞是可怜，但大人却意识不到其中的问题，总是一味地责怪孩子太笨、不努力。从文中叙述，可以看到这个家好像已经形成固定的模式，没法改变了。但突然间发生了一件预想不到的事情，引起家庭内部的巨大变化。

过度保护和暴力

父母给差生茂之找了一个家庭教师。前前

后后曾经找过五个家庭教师，都没什么用，但这次的老师好像有点不一样。家庭教师叫吉本，是Z大学（好像是个不入流的大学）的男生，本科读了七年都还没能毕业。他跟弟弟说话时，弟弟很抵触，不吭一声。这时候，妈妈不知所措地说："这孩子不怎么爱说话"。

"妈妈认为自己最理解弟弟。但在弟弟出生后那些年，妈妈一直在帮父亲工作，忙得根本没有工夫多照顾他。因此，与其说在努力理解弟弟，倒不如说把护着弟弟放在第一位。这么做效果立竿见影，而且不费事。比起我来，弟弟是在过度的放任和过量的母爱当中长大的"。

这是比较常见的亲子关系。大人总有很多事要忙，难免忽略了孩子。作为补偿，或是放任、或是偏袒。用哥哥的眼光来看，像是一种"过量的爱"。但不管谁，仔细观察一下就知道，这与父母应该给予孩了的爱差距太大了。一时间，"过度保护"这个词成为众矢之的，好像连父母爱孩子的行为都应该加以限制一样。这真是一种误解。真正的爱，越多越好，永远不会过多。所谓"过度保护"，多数情况下不是爱，不过是给"爱"找了一个替身而已。这种状况才是真正的麻烦。

吉本问起来：学校怎么样？喜欢哪一门课？茂之的回答一成不变："啊、哎……嗯、就这样"。这样的孩子，经常还会说："没什么"，意思是，自己没有什么特殊的事情需要表达，其实就在表明"我不想跟你沾边儿，能不能离我远点儿"。比如说，如果我们问一个孩子，"你的爸爸、妈妈怎么样啊?"孩子回答："就那样，很普通啊"。把这种回答理解成孩子认为"父母是普通的人"，会导致非常严重的误判。

父亲对吉本说，如果能让茂之的英语考60分，就给他发5万日元奖金，在此基础上每提高10分，就加2万日元。不少父母为了孩子愿意出钱，但对钱买不到的东西，却并不在意。我这么说不是在指责茂之的父母，他的父母并没有什么特别不好的地方。也不是说以前的父母就好，以前的父母没在孩子身上花很多钱，只不过是因为想花也没钱而已。在今天获得了更多金钱和自由的前提下，如果不好好思考一下到底该怎么面对这些钱和自由，父母会陷入以往不曾有过的新的麻烦中去。

可是，钱也花了，家教也请了，一开始上课茂之就发出些怪声音逃到妈妈在做饭的厨房去，躲在水池和冰箱中间的缝隙里不肯出来。以前的五位家教面对这种情况都是束手无策，只好作罢。可这次的家教好像不大一样。吉本使蛮力把茂之拖出来，狠狠地扇他嘴巴子，怒吼："你这坏小子，你以为你能逃到哪儿去！"连妈妈也被他吓得呆若木鸡，一句话都说不出来。

接下来，这个暴力家庭教师大显身手。但凡茂之没有做到约定的事情、或者逃跑，他才不在乎你妈妈是不是在眼前，只管揍。茂之也曾试着反抗，可惜根本不是对手，慢慢地只好开始老老实实学习了。可茂之学习的时候，那个家庭教师根本不具体教什么，自己"倒在榻榻米上躺平，呼呼地睡大觉"。爸爸看见这情形，不由得叹气。但吉本实际上并没有完全放心地睡觉，茂之刚一做完规定的作业，他就会马上跳起来说："啊，做完了？"然后适当地表扬他两句。

跳过小说的过程说结果吧，就这样，在吉本的监督下，茂之的成绩上去了。先是英语考到了六十分以上，后来在班上排名升到前六名。这部小说曾拍成电影。不管是看过电影还是读过书的家长、老师都不由得拍手称赞："太痛快了"！甚至有人得出结论：现在的家庭教育、学校教育缺乏的就是暴力。但说实话，这是一种错误的理解。现代家庭缺的不是暴力，而是野性。

正处中年的父母，应该反省一下，自己是不是在把孩子喂养成了一头听话的"好家畜"？现代技术的发展，使得人们容易陷入"这样操作就能得出这种结果"的思维模式中。从中尝到甜头，认为只要自己加以控制，事态就会按照预想发展。这种方式在很多情况下都非常有效、非常方便，人类的整个人生观常会被技术性的思维所支配。

也就是说，不仅学会了像控制"物体"一样控制动物中的"家畜"，甚至试图按自己的意愿去控制他人。这时候，最好欺负的猎物就是自己的孩子了。控制自己的孩子，把他做成一个符合自己标准的"好孩子"，《家庭游戏》中的慎一就是典型的例子。他从小不能在沙坑里玩，一周甚至一个月的时间都以30分钟为单位分割、计划好，每天严格遵从计划表的内容生活。对他来说，可能世界上最可怕的事情就是计划外的突发事件。

在第3章《站在入口处》中，我们也谈到过"野性"。看到"野性"，不能简单地联想为暴力、乱来。在原野上开放的小小花朵、飞在花丛中的蝴蝶，都具有野性；生态学的大量研究表明，即便野生动物，也不是无须遵守任何法则、随心所欲就能活得下去。人类在某种程度上是一种违背自然的动物，成功地生活在与"野性"的物体保持距离的环境中，构筑起现代文明。但人本身不是"人工制造的物体"。人是活着的生物，本来不就应该具有"野性"的一面吗？

现代人可能遇到了前所未有的课题，如何在充分应用技术、享受技术进步带来的成果的同时，还能够活出自己内在的野性。把这个课题当作"问题"提出来的，正是小说中的"问题儿童"茂之。从这个角度看，就能明白，书中父母面临的问题是现代父母共通的课题。

家庭的平衡

在整个家庭中，如果太缺乏必不可少的野性，就会有一种替代力量爆发出来，以补偿这种缺陷。这时候，实施暴力的家庭教师看似天衣无缝地补上了这个缺口，并且暴力起到了意想不到的效果（后边就会明白，这只是假象）。

暴力只是让野性暴发性地显现出来而已，书中的例子因各种具体原因看上去很有效，但不可能一直奏效，而且还有让事态恶化的风险。

从野性欠缺的视点来看，能理解为什么很多人会在家庭教师的暴力行为中找到痛快的感觉。在现实生活中，每一个人怎样能让自己的野性复活，实际上是整个家庭必须正视的课题。吉本的行为如果能巧妙地诱导家庭成员勇敢地面对难题，那就再好不过了。如果仅仅是简单地用这种暴力行为补偿家庭生活的单一性，即使最初能看到一些效果，长此以往，终将走入死胡同，不会带来根本性变化。实际上，吉本自己也有这种认识。这也是教育的困难之处。如果没有这个层面的理解，倡导"家庭、学校的教育需要暴力"，那就太鲁莽了。

吉本让茂之写下本月的目标。"一、暑假之前完成英语和数学一、二年级的总复习"之类的，一共三条，并且要求他大声朗读一遍。这样的强制也算是一种暴力吧。鉴于眼下的状况，这种暴力好像还是能救急的，茂之的成绩上去了。爸爸心情大好，独自大声嚷嚷着："把目标写在纸上，大声朗读，好办法，嗯，好办法！"爸爸可能受到这件事鼓励了还是怎么了，晚饭时大家围着饭桌坐下来后，爸爸开始高谈阔论："宫本武藏[1]写下了《独行道》以自戒。"兴头上，继续讲宫本武藏是如何在敌人从后边打过来的时候很果断地用锅盖挡住了攻击。慎一忍不住插了一句嘴："嗯，不对了，这个是塚原卜传[2]"，但爸爸仗着酒醉，一点也不让步："武藏靠着气魄把对手制服了。"接着又开始教训茂之："气魄啊，气魄！记着啊，做什么事都要有气魄。"

在吉本暴力的诱导下，野性逐渐发芽，整个家庭在悄悄地发生变化。首先，父亲喝醉酒开始说教，中途把武藏和卜传搅和在一起时，慎一没有沉默，站出来指出爸爸的错误。在母

---

1 宫本武藏：日本江户时代初期的剑士、兵法家、艺术家。

2 塚原卜传：日本战国时期的剑士、兵法家。

亲给他看小时候的照片时，慎一一反平日的顺从，突然抱怨："小时候那么累，成天就知道逼我使劲读书"，乖孩子说出这种话，让母亲吃惊不已。

一个家庭里边，这样的对话都是必要的。家庭成员之间互相有不满、偶尔起争执、因对方的行为言论伤心，在这样的环境中，孩子们一点一点成长起来。当然，什么事情都有个限度。什么是必要程度的野性，能把这个野性发挥到什么程度，起决定作用的就是我们称之为爱的要素。

慎一在诉说小时候被父母逼着不得不好好学习时，母亲非常吃惊，不由得辩解道："谁也没逼你呀，妈妈根本不是社会上所说的那种'教育妈妈'"。但仔细想想，没准社会上成天把好好读书挂在嘴上的"教育妈妈"的情况还更单纯一些呢。"妈妈确实嘴上并没有特地强迫我学习。可是妈妈的默不作声中，每一个每一个细微的动作，都能让人意识到'不好好学习，就没有好结果'的恐惧。可是，为什么我会有这种不得不辛苦地学习的强迫观念呢？为了自己的自尊心？还是因为弟弟成绩太差了？"他实际上是在一种完全没搞明白的状况下，被动地要求自己时刻做一个"好孩子"，更搞不懂，茂之为什么就可以一直是一个"坏孩子"呢？整个家庭就在这样一种人为造就的不平衡状态下过着每天的日子。

暴力家庭教师的出现，打破了这个家庭原有的表面上的平衡，每一个成员都开始出现一些变化。首先，体现在茂之的成绩提升，这真是求之不得的好事情；爸爸也像个爸爸一样在家里教训孩子；而慎一，却开始打同学、偷东西。这应该是他内心野性的爆发吧，不管怎么说，这个孩子开始有点活过来的样子。可是这个家庭的课题实在过于沉重，不可能只走到这一步就得胜而归了。接下来，会走向哪里呢？

沉下去才能发现的东西

最明显的变化表现在慎一身上。他不管不顾地偷东西，下狠手殴打同学，而且事情还远远不止于此。他慢慢开始厌学。他是 a 高中的优秀学生，肩负着考入 A 大学的期待。可是现在这件原本理所当然的事情已经变得不那么可靠，眼下连学校都不想去了。父亲在家里宣称："不考进 A 大学，你就什么都不是。"妈妈把慎一和成绩越来越好的茂之作比较，"就好像变了一个妈妈一样，用冷漠的眼光"揣摩着慎一的脸色。

慎一不管不顾地继续过着自己散漫、懒惰的日子，"自己也不知道这仅仅是偷懒，还是必要的休息。今天放学回家拿起一把铲子直接冲到公园的沙坑，一副要挖到地球另一端的气势，开始挖沙"。可这么忙活也是白搭。很理解从小就没有玩儿过沙子的慎一，在苦闷的时候有一种想去沙坑的冲动。但问题的复杂程度，不是去沙坑挖一挖就能有起色的。

茂之的成绩上去了，但还是犟着，不肯修改考高中的志愿学校，坚持要考原来填的 c 高中。不出意外地，家庭教师冲到学校把茂之狠揍了一顿才改成 b 高中，并且考中了。一度让人绝望的茂之能有这么好的成绩，父亲高兴极了，甚至说"没准儿 a 高中也能考上呢"。爸妈还没来得及高兴两天，慎一的成绩就开始快速下降，甚至拒绝去上学了。

茂之跟着学样，既然哥哥不去上学，那我干吗要去呢？事情发展到这一步，爸爸妈妈都要崩溃了。爸爸在家里乱发脾气，妈妈哭着说："求求你们了，去上学吧……"

至此，小说结束了。

作品读到这里，不由得让人感到："接下来就是我们心理治疗师的工作了"。想象一下，家里有两个不去上学的孩子，妈妈实在受不了，找到我们这些心理治疗师，想解决问题。这里，如果作为一个中年问题，我们把视线集中在父母两人身上，会有什么发现呢？父母双方，都很排斥自己小时候曾经有过的那种野性。一直对人生价值的认识过于单调，走到今天，就不得不深刻地思考如何找回缺失的东西。这类人生课题不曾出现在往昔人们的生活中。如今科技发达，很多事情比以前方便了不少，反倒更需要多花心思去思考，才能应对以前没有的问题。

这位父亲总喜欢说现在的年轻人不知辛苦为何物。但让以前的家长说起来，现在的家长也是身在福中不知福吧。连让孩子吃饱都很困难的时代、根本想象不来还能让孩子上学的时代、每天晚上不能喝一杯的时代，比起这些来，现在的爸爸妈妈也是掉进蜜罐子里了。如果被这样指责的话，现在的父母们会齐声抗议吧：现在有现在的苦恼！如果这些父母说得有道理的话，这句话也可以用在现在的年轻人身上：他们也有自己的艰辛。不能说在工厂工作是辛苦，准备入学考试就轻松。人生，都不是那么单纯的。

暴力家庭教师在 Z 大学已经读了七年还没毕业，存点钱就去海外旅行了，一点不遵从主流的生活方式。茂之的父母极力想遵从大众的价值观，吉本的生活方式正好与对家庭有抵触情绪的茂之相呼应，一时间，起到了很好的效果。但即使这样的吉本，也在茂之的成绩提高以后，在茂之的月度目标中加上了"踢掉别人，成为精英"的项目。不知不觉中，吉本也陷入了功利主义，追求世俗的上升通道，他原有的"神通力"就再显示不出神通了。

当吉本知道考上 b 高中的茂之也跟哥哥一样不去上学以后，无可奈何地说道："是吗？到底还是变成这样了。我也想能帮帮忙的，可是，一时性的强迫，也不会有什么好结果。"一般来说，靠外力"帮助"总归不会很顺当的。

如果这对父母来找我们这些专业人士的话，我们会怎么办呢？多少案例让我们痛切地体验过，暴力家庭教师那样"一时性的强制性教育，不会带来好结果"。不是靠外界的援助和强制，而是在科技发达的时代，家庭中的每一个人，都要致力于自己的内在，找出如何活出自己野性的答案。除此之外，别无他法。

像茂之每日目标所表达的那样，心思都放在每天、每天"永远向上""越来越强大"时，会忽视很多事情。反之，如果深深地沉下去以后，没准儿能发现很多以前看不到的东西。两个孩子都不去上学，爸爸怒火万丈，妈妈哭哭啼啼，从这种状态再继续往深处走一步、走两步，野性才能自发地开始工作。为了走过这艰难的旅程，我们要把比家庭教师往外爆发的暴力更加强大的能量引入心灵内部，坚定地陪伴在所有家庭成员身边。

野性的主要特征在于无法预测、无法控制。承认自己孩子的内心有这样的东西存在，尊重其存在，这就是命运交给中年父母的人生课题。这件事也同样与自己内心的野性相关联，毫无疑问，非常艰难。但是，父母如果回避困难、偷懒无作为，孩子们就会生出各种各样的问题，对家长提出警告。

（引自集英社文库《家族ゲーム》）

夫婦の転生

第十一章

夫妻的转世 ― 志贺直哉 《转世》

浪漫爱情

仔细想想，搞好夫妻关系，真不是一件容易的事情。彼此都要与一个独立于自己的人共同度过漫长的一生。特别是现在，长寿简直就是理所当然的一件事，在一起生活五十年以上的大有人在。而且发达国家几乎都遵循着一夫一妻的制度，在这个制度约束下维持长期关系，需要相当的努力和工夫。

可不是嘛，跟其他的人际关系不同，夫妻要在同一个屋檐下生活，所以更加困难。其他的社会关系，比较容易保持适当的距离，看情况离远一点或者干脆抛到脑后都没问题。互相可以拉开一定的距离，一定程度上掩饰各自的缺点，相处起来要容易很多。但事关夫妇，就没那么好说了。遇事很容易直通通地把心里想的都倒出来，当然，也正因为能毫无顾忌地说心里话，才有了家庭的意义吧。但无论怎么强调家庭意义的重要性，也否定不了一个现实："无论多么伟大的人，都不会得到妻子的尊敬吧"。可以说这句话很大程度揭示了夫妻关系的真实一面。远远地看一个人，和每天跟他极近距离相处，会看到截然不同的形象。

比如说恋爱三年步入婚姻，没过一年就离婚的例子并不稀奇。三年的恋爱并没有顺利地转变成"一个屋檐下生活"的夫妻关系。就算这个例子有点极端，严格地把对配偶的爱和尊敬当作婚姻的必要条件，真的是难以长期维持。像在美国时常看到的那样，只好离婚，再去寻找新的对象。

美国的方式不失为一种生活方式，但在这种情况下孩子们会经历意想不到的艰难。为了减轻对孩子们的伤害，社会各层面也都在做着很多努力，尽量让孩子保持和父母双方的联系，但孩子的问题一般要比大人们预想得更加严重。

社会整体对问题的认识在深入，但还远远不够。

有很多人总是批判美国离婚率这么高，还是日本好。事情其实没有那么简单。就像在日本"家庭内离婚"这种概念能够流行，不正说明了很多夫妇精神上早已经分离，只不过形式上还住在一起而已。很难说这样的夫妻关系一定比美国好，但反过来也无法简单地赞美一些美国人不断重复着离婚、再婚就是"活得真实"。因为就算是夫妻关系，其中也包含着各种各样的关系。

夫妇，是构成社会的重要单位，也是维持社会安定的必要条件。如果把社会稳定视为头等大事，那么夫妻关系的使命就只剩下一点：只要结为夫妻、养育孩子、维持夫妻关系就可以了。这无疑很重要。从这个意义上来说，我们就可以理解，为什么自古以来众多文化中，婚姻大多是由父母、亲戚安排的了。

另一方面，近代欧洲开始重视具有浪漫色彩的男女之爱。这种思潮的原点在于中世纪骑士表现出的爱情姿态。男性发誓对某一位女性终身不渝的爱，但并不与她发生性关系，只是在爱情的苦恼煎熬中不断地提升自己。可惜在这里没有空间详细讨论这个话题了。但可以说，随着欧洲的基督教信仰逐渐弱化，浪漫爱也趋向世俗化，把中世纪骑士牺牲性关系建立起来的纯精神追求（可以说几乎是宗教意义上的）带入世俗的夫妻关系中，希望日常生活中也能完成这样的人格提升。

随着浪漫爱情的世俗化，两人之间因"爱"而结合就成了婚姻中极端重要的因素。作为这种思潮的表现，描写热烈爱情的电影总能得到大众的追捧，日本同样也受到很深刻的影响。这些"浪漫故事"基本上都有一个模式，就是把结婚当作如人心愿的"目标达成"。电影结束时，满场观众都沉浸在可喜可贺的满足当中。但现实生活中，结婚哪里是理想得以实现的终点啊，简直就是个起点嘛，甚至经常还是"烦恼的起点"。

轻率地吞下浪漫爱情概念的婚姻很难持久。但这么说的话就会产生一个难以解答的问题：

到底该如何看待夫妇关系呢？如何看待夫妇关系中产生的爱？这是人到中年时必须回答的重要问题。年轻时还能沉浸在浪漫爱情的幻想中度日，到了中年，无论你想不想看，现实都会无情地呈现在眼前。这时候，人们不自觉地就会重新审视夫妻关系，察觉到建立一种新关系的必要性。这是一件相当痛苦的事情。怎么样通过这一关，会对年老后的生活产生重大影响。

狐狸还是鸳鸯

志贺直哉的短篇小说《転生（转世）》，虽然篇幅很短，但非常有益于我们思考夫妇关系。特别是在这之后发表的一系列短篇作品都与作者的现实生活有着密切的联系。考虑到这一点，更加体会到该作品对中年夫妻关系的深刻意义。

《转世》的开头是这样的：

某处某个男人有个脑子不怎么灵光的老婆。丈夫非常爱自己的妻子，但是她傻乎乎的脑瓜子还是经常把他气得七窍生烟。时不时地大发脾气、恶语相向，让妻子也过得很难受。

丈夫尽管爱妻子，还是受不了她，忍不住要发火、说难听话。"只要一开始觉得不对劲就看着什么都不顺眼，到处都是可以引起发火的种子，难受得不得了。一通暴脾气发作之后，又羞愧不堪"。妻子认为"因为丈夫太聪明了，才会这样"，时常开玩笑说，"再投胎的话自己要尽力变聪明一点，而丈夫能比现在再稍微笨一些就好了"。甚至还逗丈夫玩儿："投胎为人，也不过是跟现在一样的日子，没啥意思，投胎成动物也挺好"。据说狐狸是严格的一夫一妻制，转世投胎成狐狸就好了。这时候，丈夫在心里暗暗思量，什么动物是一夫多妻的呢？但他没说出口，只说不想做狐狸。面对希望"来世能转为夫妻和睦的动物"的妻子，丈夫提议还是作鸳鸯吧。

作者在声明"从此往后就是离开现实世界的荒诞故事了"后，继续讲故事。几十年后，丈夫先离世，变成鸳鸯以后等着妻子。然后，妻子也死了，到了要转世的时候，开始犯迷糊了："到底是狐狸呢还是鸳鸯啊？"记得好像是鸳鸯。这时候，妻子想起丈夫日常总是气呼呼地说的一句话："只要有两个东西需要选择，你总是选错的那一个。就算是碰运气，你也该能碰对一次吧。可每次都像命中注定的一样，从来都是错的。太不可思议了！"

想起丈夫所言，妻子知道，自己认为的鸳鸯一定有命中注定的陷阱，所以变成了狐狸。

女狐狸为了寻找丈夫搜遍山野老林无果，又累又饿只好下到河边找口吃的。这时候遇到了变成鸳鸯的丈夫。丈夫一下子就发现了妻子犯的错误，前世生就的坏脾气又上来了："你这个蠢货！"妻子一边哭一边道歉，但丈夫的火气只增不减。"眼前这个大发脾气没完没了的爱鸟儿[1]看上去确实是自己深爱的丈夫，可是又累又饿好像脑子不大清爽了，怎么越看越像是一

---

1 日语鸳鸯读作おしどり，"おし"可解为爱惜，どり为鸟（とり）的变音形式。

餐至高无上的美味啊。"她实在忍不住空腹的痛苦，"一声狐叫，就向鸳鸯扑了过去。一瞬间就吃干抹净，不留分毫。"这么凄惨的一个故事，作者告诉读者：这是一个从"斥责的报复"中得到的教训。

故事的后边作者又加了一段对话：

"这是对口出恶语的丈夫的教训吗？"

"是的。"

"这也是对脑瓜子不灵光的妻子的教训吧？"

"是吗？"

"即使成天被训斥，妻子还是爱着丈夫……"

"那倒是。"

"这是以你的家庭为原型的吧？"

"哪里哪里，我有一位头脑清晰、细心周到的妻子，我自己也是个非常温厚的丈夫。在我们家里哪里听得到吵吵闹闹的声音。我都够格在《文艺春秋》上打广告，给大家传授家庭和睦的秘诀了。"

关于《转世》，直哉自己说是"一篇轻松诙

谐的游戏之作。那时候主打杂谈的《文艺春秋》曾开玩笑说要在我这里卖夫妻和睦的灵丹妙药，后来他们约稿的时候我想起这件事，就写了这么一篇。写出来，自己还蛮喜欢的"。(《创作余谈》) 无论如何，最后作为正式作品发表出来，说明这个故事的某些因素还是打动了作者吧。

尽管是在开玩笑，但是能说要在他家卖"夫妻琴瑟和谐的妙药"，说明直哉的夫妻关系一定是和睦的，而且"丈夫温厚、妻子机灵"也一定是事实。但能想象得来，关起家门，也会有丈夫对妻子发牢骚、心烦意乱的场景。到底为什么会出现这种状况呢？先不去管这些，仅仅这篇小说中"转世"的主题就很有吸引力，值得我们好好探讨一下。

直哉还有一篇题为《焚火（篝火）》的短篇小说。其中一位称为 K 的人在大雪天的深夜长途步行回家，眼看着天气越来越糟糕就要陷入绝境时，姐夫到半路上来接他了。他根本没有告诉家里人自己要回去，看到姐夫真是惊喜交加。问了一下缘由，原来是晚上已经睡下的K的母亲，突然惊醒坐起来把姐夫叫醒了，用非常确定的口气对姐夫说："K回来了，赶快去接他。"

这么看来，不得不说直哉体验到的"自然"已经超越一般日常生活常识了。没准儿《转世》式的念头也是很自然地就涌现在他的心头，把转世当作夫妻关系的一部分，可能更加自然吧。自己家里那种公认的琴瑟和谐的夫妻关系用转世的视角去看，又会是什么样呢？《转世》可能就是这样写出来的吧。

从合二为一走向背叛

两个人的关系，总会存在着难题。两人的关系，好或者不好，其实差别都是很大的。

在日本说两个人关系好，大多数都意味着把两个人一体化了。仔细想想我们对这种关系有什么样的预设概念？互相之间没有秘密，心灵相通，内心的思想和感情不用语言表达出来互相也应该能够意会。这是我们脑海中给"关系好"描绘的理想图。但事情真的是这样吗？

如果尊崇西方近代确立自我的生活方式，那么"关系好"的前提条件是两个人互相独立。互相独立的人还要保持良好关系的话，通过语言表达自己并且理解对方就成为必不可少的条件。双方都要对"关系处于什么状态、维持发展关系需要做什么"有明确的意识，并且能用语言清晰地表达出来。

在这里我们简单地划分出来两种关系形态，但现实生活中，两种关系形态总是非常微妙地混合在一起，各自的感受也会有难以清晰表达的差异。只是，处理不好的话，前者的倾向过于强烈，会扭曲，甚至破坏各自的个性；后者的形式过于僵硬，表面上的关系掩盖下，实际上已陷入深深的孤独。总之，要维护健康的人际关系，需要有相当清醒的意识，并且做出不懈的努力。

时至今日，大多数日本人的关系还是以前

者为基础。直哉家里也是这样，"关系良好的夫妻"是建立在两人的一体感之上的。只不过，在这种环境里的直哉又接受、掌握了西方的知识。想从现状中抽身而出，自然就会感觉到，如果不对妻子表达一些不满，自己的个性就会被埋没。在这样做的同时，其实又成天在自责、反省，自己怎么会成天怨言不断，简直太不像话了！尽管这么想着，心里明白一切源于自己难以与妻子分离的"一体感"。对自己的满心厌恶无处发泄，就拿妻子撒气，揪住一点小事大做文章。恶性循环就是这么出现的。

从妻子这方面来看，成天没事找事的丈夫看上去那么不讲理，但她并没有因此采取措施与丈夫拉开距离，反倒不知不觉中做了很多努力，加强了与丈夫之间的关系，两人捆绑得更加紧密了。就这么神不知鬼不觉地，夫妻二人，一方成天抱怨，另一方随便干什么都会受到指责。表面上看两人像是分离的，但这种现象实际上是以坚实的夫妻一体关系为基础的。

作为丈夫，对妻子的好处心知肚明，可是自己还这么挑剔，时时心生愧疚。在这个背景下产生了《转世》这篇作品，诙谐调侃当中，在惩罚自己的过程中实现了完美的一体化过程。也就是说，一方完全被收纳进另一方的肚子里去了。

实际上，这种完美的一体化并不能长久持续，每一个人必须明确意识到这一点。作为独立的个体需要互相拉开适当的距离，在这个环节，不可避免地会产生"背叛"行为。

任何场合，都没有人会说"背叛"是一件好事情吧。而且在林林总总的"恶"之中，背叛尤其令人憎恶，背叛者时常也得不到任何辩解的机会。即使这样，处于紧密捆绑的合体同心关系中，任何一方想要回到原点、恢复各自独立的状态，除了"背叛"好像也找不到其他手段。现实中，这一类背叛行为经常在无意识的情况下发生。

直哉的情况也没有成为例外。在《转世》

中描写了"夫妇和睦"的典型之后大约一年过去，直哉背叛了妻子。其中的经历均在他之后一系列的作品《琐事》《山科的记忆》《痴情》《晚秋》中有所描述。《痴情》中，直哉这样描绘那位女性："女人是祇园茶屋的招待，年纪二十或者二十一吧，大个头，精神空白。像个男人。不知怎么的，他就是被这样的女人吸引，连自己都觉得不可思议。"这件事很快就被妻子发现了。

在《山科的记忆》中描写的夫妻对话，可能是这种场合谈话内容的典型吧。发现丈夫不忠后气愤不已的妻子和丈夫的谈话，篇幅有些长，但我们还是引用一下。

妻子毫不退让，平常没有光彩的眼睛里其至发出凶光，直直地盯着他。他受不了这样的凝视，虚张声势地喊道：

"你管不着，跟你有什么关系！"

"为什么？跟我最有关系，怎么会没有关系呢！"

222

"你只要不知道不就好了？就算是有这么个人，我对你的感情一点没变。"说这话，他自己也明白多么不讲理。想想自己爱了那个女的之后，还能保持对妻子的感情，算是目前这种状态下唯一还能逞强的理由吧。

"不可能，绝对不可能！到现在为止只有一个的东西要分为两个。感情分到那一边去，这边肯定就少了。"

"没这回事儿，感情上的事情不是数字。"

"不对，肯定不对。"

对话完全是两条平行线，找不到交点。但两人面对面平等地对话，这件事本身是有意义的。以前妻子对不讲理的丈夫说的每一句话都毫无怨言地顺从，今天则站在对等的位置与丈夫对抗。妻为善，夫为恶，一目了然的情景。在道德上只能败退的丈夫拉出"高等数学"负隅顽抗，看上去没有一点儿胜算。

死亡的体验

西方浪漫爱情的特征在于原本分离的两个独立存在，祈愿能够"合一"，因而无止境地重复挑战这个几乎不可能的目标。而日本人，基本上从来没有过与别人分离的独立个体存在的体验，如何理解浪漫爱情，确实极其困难。这也导致日本基本不存在以浪漫爱情为主题的文学。

直哉的爱情完全是另一类型的。需要从"合一"的夫妻关系中挣脱出来，转移到互相之间能够保持合适距离的状态。作为一种对旧态必须的"背叛"，直哉陷入了与其他女性的恋情之中。谈到前边我们提到的那一系列作品，直哉是这么说的："这些生活素材对我来说算是稀有的，但也没有把它们认认真真当回事的念头。我的感受都集中在事情怎么反映到家庭中，作品也就因此而生。"（《创作题外话》）。

如果有谁说中年男人的"出轨"很少见，估计大家都会觉得这人脑子有问题吧。可是对处于完全"合一"状态的人来说，这一定是稀有的，而且正因为如此，才给直哉夫妇赋予深刻的意义。对妻子来说，"稀有"这个词让人太不爽了吧。《痴情》中给妻子的信中写道："真的、真的相信我相信我吧！发生了这样的事以后，我绝不愿意再瞒着你偷偷去做什么了。"这里重复地说"真的""相信我"表达出的心情，瓦解了妻子"绝不可能"的信念。

时过境迁，直哉总算看到事情的本质，在发表了上述一系列作品之后写了《邦子》。之前的作品几乎都与他自己的生活有着直接的联系，《邦子》却与现实生活有着相当的距离。邦子是主人公的妻子，出身贫寒，年轻时在咖啡店之类的地方做服务员，有时也会充当某个男人的外室。即使这样，其中描述的夫妇感情、对丈夫的情人的感情，都像我们前边提及的场景一样，如实地体现出脱离一体感时的痛苦体验。

比如说，对二人的婚姻生活是这么写的。"邦子频繁地对我们的生活表现出无上的满足，梦中都没想到这一辈子还能够有这么好的福气。我也曾很幸福，想到能让邦子感到这么幸福，又一波幸福感涌上心头。"邦子对现状无限满足，而丈夫渐渐开始有些焦躁了。实在受不了这种"两个大活人在一起风平浪静的"日子，甚至对邦子说："好多年这么持续下来的平稳日子，拿水蜜桃来比喻有点不合适，可早就从屁股上开始腐烂了。"最后甚至说道："你是把我当成一头家畜了吧！"这些实在太出乎邦子的意料了。

男人开始爱上女演员。"自己也搞不清楚是不是发自内心的爱，但就是陷进去了。"事情败露引起夫妻反目。处于平行线状态的对话中，邦子说："本来觉得家就是一个大家结合在一起的地方。现在你是你，我是我，孩子是孩子，莫名奇妙地变得四离五散，让我寂寞得难以忍受。"然后，邦子自杀了。

小说开头第一句就是，"邦子的自杀无论如何是我的责任"。直哉认识到是自己的行为把妻子逼到自杀这一步，责任重大。"我在写我自己的不幸"。本来应该说"邦子的不幸"时，却说"自己的不幸"。邦子的死对直哉来说，也是一种死的体验。

即便如此，《转世》这个题目有着很深的启示性。要赋予漫长的夫妻生活以深刻的意义，建立起真正的"关系"，夫妻之间要有数次"死"的体验，不断地"转世"下去。在这个过程中，或许被对方吞下去，或许被逼上绝路，只要能努力转世、维持下去，夫妻关系就会更加深厚。

（引用自新潮文库《小僧の神樣・城の崎にて》、
岩波书店《志贺直哉全集》）

第十二章

自性实现的王道 — 夏目漱石 《路边草》 一

预想不到的事情

无论是谁，人生中总会遇到一些意想不到的事情。特别是到了中年，本以为差不多已经看透了自己的人生、展望未来也尽在眼底的时候，却总是有意想不到的突发事件彻底打乱既定的人生轨道。这些事件会以各种各样的形式出现。本人或者近亲的疾病、事故，还有天灾等等。自己又没有干什么坏事，却突然被推进灾难的深渊。

因为预想不到的突发事件彻底改变了人生轨道，从此就在哀怨中度过一生的人不在少数。人们最初都会对遭遇不幸的人抱以同情，但随

---

1 夏目漱石原作书名为《道草》，意为道路边上的杂草，走在路上吃路旁杂草寓意分心不专注正业。中文翻译出版的书名有两种翻译方法：《道草》和《路边草》。鉴于日语语境中是一种通俗的说法，故本书采用了中文语感偏直白的《路边草》。

着当事人没完没了的哀怨，听的人也会受不了，渐渐就会觉得："唉，又来了！"谁都不愿意总是听着别人絮叨，只好尽量躲着，这些躲避行为没准儿给当事人原有的伤口上又撒上了一把盐。但我们仔细想想，其实每个人尽管程度不同，人生中可能都遇到过类似的事情。如何应对这样的灾难，则体现出当事人独一无二的个性。

因为不曾预想到的突发事件而打乱了人生计划，说白了，就是离开自己预定或者周围人们期待的轨道，不得不涉足"道路两边的杂草丛"。看上去，路边长满杂草的地方偏离了正规的轨道，完全是歧路，但这种草时常有着它自己特定的涵义。这么说吧，一般来讲我们还是有可能在"杂草"中找到它的存在意义的，而且，用现在比较流行的"自性实现"的观点来看，甚至可以说，吃路边杂草，才是真正走向"自性实现"的王道。如果一个人总是踩在社会普遍期待的正确轨道上，说明一切都墨守成规、太没有新意了，所以，反倒是吃什么样的路边"杂草"才比较容易体现出当事人的"自性"究竟在做什么。

这一章我们选择了夏目漱石的《路边草》，算是最适合表达上述意义的作品吧。相原和邦氏在岩波文库《路边草》的解说中说道："一直以来，大家都坚信不疑地认为《路边草》几乎就是反映了《我是猫》出版前后夏目漱石现实生活的自传体小说"，但正像相原和邦指出的那样，"这个作品并不是前述期间现实生活的小说版"，笔者也持有同样的观点。《路边草》书中的主人公健三，年龄为三十六岁，但夏目漱石执笔时已经四十八岁了，正是他去世的前一年。考虑到当时的状况，可以算是漱石步入老年阶段后的作品了。相应的，也可以认为书中主人公的年龄相当于现代人的四十至五十岁之间吧。

某一天，《路边草》的主人公健三在自己家附近走着，"出乎意料地遇到一个人"。二十岁的时候，就已经跟这人断绝了一切关系，往后的十五六年间，也从来没有过任何接触。夏目漱石以绝妙的笔法描写出在路上"出乎意料地遇到"时的害怕和不知所措，渲染出一派令人厌恶的事情就要开始了的浓浓气氛。到家后，健三心里一直记挂着这件事，但对自己的妻子阿住却只字不提。"心情不好的时候，无论怎么想说话，都不会对妻子开口，这是健三的习惯。除了必不可少的家务事，妻子面对沉默的丈夫，也一贯绝不主动多说一句。"

作品开篇就这么讲述了夫妻的日常，简直可以说，贯穿《路边草》通篇的主线就是健三和阿住两人的夫妻关系。各种人物相继登场，其功效好像就是围绕着这两个人，或是动摇或是加固他们的关系。动摇夫妻关系的核心人物，正是健三"出乎意料"突然遇上的那个叫岛田的老人。健三从三岁到八岁期间，曾经被送到岛田家做养子。后来因为岛田的婚外情，事情闹大后夫妻离婚了，健三才又被送回到自己亲生父母处。当时健三的亲生父亲清清爽爽地处理好了所有事情，了断了一切纠葛，以免后患，但这会儿岛田还是有事没事地就试图接近健三。

健三是当时还非常少见的留洋归国者，在大学任教职。各色亲戚看他，当然是一位成功人士了。都想着他肯定挣好多好多钱，给大家都分一点有什么不行呢？刚才我们提到，《路边草》的中心是夫妻关系。男、女这两种截然不同的存在，在日常生活中互相面对，究竟该如何相处？此外，书中还隐含着各种各样的对立事物。逻辑与感情、新与旧、外向与内向等等，数下去的话，真数不清。在这些对立事物中间，健三、阿住都在摇摆，但从人生观的角度出发，"新与旧"是最关键的因素。

"不管是否出人头地，都是自己的事情，没必要因此背上接济亲戚们的包袱"，这是一种个人主义的观点。反过来，"大家既然都是亲戚，我就应该竭尽全力帮助他们"，也是一种处事方式。留洋归国的健三，总是有意识地强调前者，但灵魂深处却相当程度地有后者的倾向。健三内心有着很多这样不得不努力面对的对立课题。

"预想不到的突发事件",完全偶然地把人们拖进不幸和烦恼当中,但静下心来仔细琢磨琢磨,会有一种感觉,突发事件好像总是很巧妙地把当事人引向与自己未决事项对决的道路。这个过程,我们甚至能够感受到一定的必然性。中年,怀抱的人生课题繁多,或许正因为这样,"没预想到的事件"也就多发生吧。

过去·现在·未来

"健三其实每天、每天都有做不完的工作。即使回到家里,也没多少能自在支配的时间。""所以说他内心总是缺乏从容,回到家也离不开他的书桌。"掌握从国外吸收的海量知识,面对求知的年轻学生,健三立志要面向未来勇往直前。可惜,意想不到出现在眼前的岛田要把他拖回到往昔的世界。"比起亲戚间的人情往来,健三看上去更重视自己的工作",但既然岛田已然出现，为了想办法应付他，还不得不多去拜访已经有些疏远的哥哥姐姐。实际上，"健三每个月会给姐姐一些零用钱"，在去了姐姐家几次之后，姐姐七绕八绕的拐弯话中透露出希望他每个月能再多给一些零用钱。面对姐姐的要求，健三不得不答应下来。

外界的压力增加，令人忌惮的过去的记忆复活，使得健三在家里和妻子阿住的对话开始带刺儿，听上去很不舒服。有关两人的对话，漱石作了精妙的描述。互相都想着要为增强夫妻关系而努力，但说不清哪个瞬间，两人间的纽带"噗"的一声就断了，各自心中升起一种"说了也没用""都是你不好"的惆怅。

他是一个独断专行的人，相信从一开始就没有向妻子解释的必要。在这一点上，妻子也是认可丈夫这个权力的。但也只是表面上认可而已，其实一直心存不满。无论大事小事，丈夫表现出来的不容置疑的专横态度，都让阿住心生不快。她心中总是翻腾着一种情绪：为什么不能把话明白地说出来呢？但反过来看，她也绝没有意识到自己并不具有足够的天分和技巧，能让丈夫好好说话。

夫妇真是一种奇妙的存在。互相都很想交流、想接近，但只要错过一点点，马上都没了说话的胃口，满心烦躁。健三知道阿住因为家用不足跑到当铺去质押换钱，于是开始写稿子增加些临时收入。但健三只是把这些钱装在信封里随意扔在榻榻米上，阿住看见了，也就默默无声地拿起来走开。

这时候，作为妻子脸上甚至都没有一丝高兴的表情。在阿住看来，如果做丈夫的在给钱时有体谅妻子持家辛劳的些微表示，那么自己在接过这些钱时肯定会自然露出感动的笑颜。健三心里想的则是，妻子但凡表现出一点儿喜悦，那么自己也能说出些温柔体贴的话。结果，为了应对家里物质需求的金钱，并没有成为连接两人精神层面需求的媒介，夫妻关系的深化以失败告终。

前边遇到的岛田，时不时会上门，赖着不走。健三实在没办法，不得不给些钱，把他应付过去。每次岛田上门都会触发他想起曾经在岛田家的生活，跟哥哥姐姐接触多了，也会让自以为遥远的过去重现在眼前。

健三终究没能摆脱自己背后还存在的这么个世界。这个世界对平素的他来说早已经是过去式了，但其性质使然，一旦有什么事，摇身一变，马上就化为现在时。

……

他曾经试图把自己的生命切为两段，了无牵挂地抛掉过去，但过去好像反倒拼命地要追上来。他的眼睛望向未来，但脚却不自觉地朝后。

我们习惯于把时间分为过去、现在和未来，有时也想像健三一样把过去的历史切断扔掉。只可惜，这种事情一般都徒劳无功。首先，过去、现在和未来是不可分割的整体构成，不可能仅仅切除掉一部分。再者，如漱石所说，过去具有忽然间变化成为现在的性质。作为老人的岛田，给健三提供了一个不可思议的意象。"在健三的眼中，这个老人既是过去的幽灵，也是当下的人类，说他还是黯淡未来的影子也不为过。"确实如漱石所说，过去、现在和未来作为一个整体出现在眼前。

"这个影子还要纠缠我多久啊"，健三的内心惶惶不可终日。

无论内心如何挣扎，影子是不可能脱离身体的。不仅仅是岛田，还有岛田的前妻，就是健三曾经的养母，不知在什么地方得到了消息，也跟着找上门来了。东拉西扯地说了好多，直到健三拿出 5 元钱说是当车费吧，才一边推辞着说自己不是为了这个，一边收下钱，离开了。而且日后不断地重复着这种行为。

虽然我们把过程都简化了，但漱石精心描绘出了岛田、他的前妻来访的情形、与健三之间的对话以及健三无处宣泄的情绪，让我们这些读者都有一种浑身沾满黏糊糊的糖稀，或者被一缕丝绸缠着脖子透不过气的感觉。但是，后边我们会讲到，这里说的每一个细节都有着各自的重要意义。

视点的移动

前边说到，健三的处境可能让读者都感觉到实在受不了了。但实际上我们在读《路边草》时，随着故事的进展，会有完全不同的情感涌上心头。一群想沾点光的远近亲缘缠住一个成功出人头地的男子以及过程中夫妇之间的交流对话，无一不呈现出一种纠缠不清、甩也甩不掉的人际关系网。小说在精心描述纠缠不清的各种细节的过程中，又忽然呈现出完全相反的情形，给人一种皮肤接触到清澈空气的感觉，或者耳边像是响起了山间清流的声音。

这到底是怎么回事呢？笔者其实不大喜欢读小说，但独独非常喜欢漱石，年轻的时候，读完了他的所有作品。喜欢他的每一部作品，其中这篇《路边草》，更是印象深刻，时常惦念。中年后重读，这种清澈感就跃然心头，同时体会到，作者能够作出如此绝妙的描述，其主要原因在于视点非常高。小说的主人公是健三，但《路边草》是从一个更高的视点看健三。这个视点之高，使作者可以站在离健三和阿住等距离的高度观察，不偏不倚。

在引用的文字中我们已经看到，《路边草》中的描写，既不与健三为伍、也不替阿住说话。谁都有委屈、谁也不占理的样子。比如说，以新时代个人主义的思潮为动力让自己的能力开花结果、还是沿袭无论如何要优先考虑别人不惜牺牲自己的旧式思想，漱石描写道："很不可思议，钻研现代学问的健三竟然非常守旧。既想实现一种'自己首先应该为自己'的生活方式，但又毫无顾忌地认为妻子仅仅是为了丈夫而存在"，并断言"两人冲突的根源就在这里"。

再举个例子。小说开头的部分，健三有些感冒症状，不停地打喷嚏，妻子不动声色地看着他。面对这样的妻子，"健三默不作声，在对没同情心的妻子心生厌恶之中拿起了筷子。妻子也在内心嘀咕，为什么不能毫无隔阂地把什么都说给我听呢？那么我也会很主动地成为一个温柔体贴的妻子，现在这样太不愉快了"。就是说，无论健三还是阿住，都有自己的理由，然后面对窘境束手无策。

一般公认夏目漱石记录了自己生活体验的"日记"是《路边草》的基础。但正像前边已经引用过的相原氏的解说那样，相原仔细比较了《路边草》和日记，指出了其中的差别："日记中，一贯只是单方向地责备妻子，一张嘴就在抱怨妻子这也不对、那也不好。但《路边草》中，批评的目光不仅仅停留在妻子身上，也射向了健三。不仅如此，甚至可以说首先在批评健三，对妻子的批评不过是附带的"。解说挑明了这个事实，在《路边草》中我们也确实能感受到这样的视点移动。

漱石小时候被送到别人家做养子，八岁时从养父母家回到亲生父母身边。这时候的漱石对亲生父母来说不过是不得已多出来的一个累赘。这么看来，漱石跟一般人不同，既可以说有两对父母，也可以说没有一个真正的父母。孩子们小的时候借助父母的眼睛看世界，慢慢长大后，学会自己看世界。漱石从小没有一个靠得住的父母之眼，算是一个有缺损、没长好的大人吧。但也正是因为这样的缺损，漱石的自我努力成就了他远远超越普通成年人的眼光。从这个观点来看，《路边草》不局限于个人的实际生活体验，具有超越现实的意义。

再回到《路边草》的故事中。阿住怀孕了，嘴上念叨着："这次我可能要不行了"，很明显她预感到了什么。但到底是什么呢，谁也说不清楚，在这模模糊糊说不清楚的感觉中，她明显地看到了眼前的事物上边重叠着"死"的影子。

但生产比想象的容易得多，阿住顺利地诞下一个女孩儿。这是第三个女孩。健三开始沉思。

"接连不断地生出这些来，究竟要怎么办呢？"

在他心中涌起的情感完全不像一个父亲该有的。其中不仅是对孩子，对自己、对自己的妻子，朦朦胧胧也有着同样的感觉。

"究竟要怎么办呢？"是一个根源性的问题。不是我们每一个人都该好好问问自己的问题吗？就这么活下去，究竟会怎么样呢？这个回答很简单：会死的。人总归不免一死，但世间总有些人不能在这样的回答中得到满足、感到自在。《路边草》中，别处也出现过"究竟"这个词。孩子们调皮捣蛋，健三狠狠地发一通火以后又很后悔。然后自我辩解："这不怪我，让我这么发疯一样失态的，究竟是谁？是这家伙不好！"这个"究竟"呼应着前边的"究竟"。"藏在自己的人生背后，把不可忍受的事情强加给自己的究竟是谁？"搞明白这一点，也就能知道"究竟该怎么办"了吧。

剪不断理还乱的人生

或许因为孩子最终顺产出来，健三和阿住

半开玩笑地（也可以认为非常严肃地）交谈着：

——成天念叨着这次自己可能要不行了、要不行了，这不是好好地生出来了？

——如果死了更好的话，什么时候我都可以去死。

——那你就随便吧。

一边这么聊着，健三一边看着刚出生的小婴儿。

健三开始想象着眼前的小肉团长成阿住年龄时的未来。这还非常遥远，但只要生命之网不被切断，这一天总会到来的。

沉浸在思考中的健三，突然说出口："人的命运真是剪不断理还乱啊。"阿住听见，吃惊不已。

各种各样的事情涌上他的心头：并没有因生产而死去的妻子、健康的婴儿、要被免职但还在继续工作的哥哥、被哮喘折磨得要死但还挣扎着没死的姐姐、想争取一个好的位子但还没争到手的岳父。另外，还有岛田，怎么也躲不过去。接着，又想到自己和这些人的关系没有一件能理得清楚，真是一团乱麻。

《路边草》中列举了很多"理不清"的事例，我们无法在这里一一介绍。众多烦恼当中，麻烦的岛田倒是最先得到解决，当然健三不得不支付给岛田100元——当时来讲是一笔巨款——才算收场。不管怎么说，通过中介人谈好了，不给以后留下任何尾巴，问题就算解决了吧。这里想介绍一下《路边草》的结局，虽然有些长，我们还是引用一下。

——还是收不了场啊。

——为什么？

——只是表面上的事情作个了结而已。所以说，你就是个只注重形式，只能看到表象的女人。

妻子的脸上呈现出疑惑和敌对的表情。

——那么，怎么才算真的了结了？

——这世上根本就没有什么能够真正了结的事情。事情一旦发生，就会一直持续下去，只不过表面上变来变去，别人搞不清、自己也搞不清罢了。

健三的口气就像是使劲地吐出什么一样，极度不愉快。妻子默默地抱起婴儿。

——乖宝宝、乖宝宝，爸爸到底在说什么呀，一点儿都听不懂啊。

妻子一边这么说着，一边频频地亲吻着婴儿红彤彤的脸颊。

面对认为问题已经解决的妻子，健三觉得"这世上根本就没有什么能够真正了结的事情"。健三拘泥于这一点，或许因为他心中一直有着前边说到的根源性的问题。在小说快要结束时，描绘了健三一边思考一边走在人流稀少的街道上的场景。

"你来到这个世上到底要干什么？"

他的脑子里，一直悬着这个问题。他不想回答。一直尽可能地回避。越是这样，那个声音就越是穷追不舍。一遍又一遍地问着同样的问题，没完没了。最终，实在受不了了，他大声喊道：

"不知道——！"

那声音忽然就变成了冷笑。

"我不是不知道，知道了又能怎么样？知道了又走不到哪里去，只能卡在途中罢了。"

"不怪我！不怪我！"

健三像逃跑一样跨着大步继续朝前。

也就是说，脑子里只要一直有着"你来到这个世上到底要干什么？"的追问，是是非非就不能简单地厘清楚。

那么，到底该怎么办？《路边草》通过全篇的内容在叙述这个答案。人生的过程，免不了要吃很多路边野草，这些野草的责任都不在自己身上，都"不怪我"。如果把视点放到足够高的位置，仔细观察每一个细节，尽管嘴上说着"不能怪我"，实际上还是会去做很多事情。这就是一个很矛盾的自我形象。如果人生过程中的某一时刻，我们做着自己也难以理解的事情，这难以理解的事情可以称为"自性"。做难以理解的事情就是一个自性实现的过程。自性实现，不是一个需要到达的目的地，而是过程。

健三说"不知道！""不怪我！"

没有信仰的健三，无论如何也说不出"神灵知道是怎么回事"这样的话，甚至都没有一点儿觉知：但凡能这么想的话自己会变得多么轻松。无论何时，他的道德观总是始于自己，又终于自己。

这里的自己指狭义的健三，但路边草的视点已经远远超越了普通意义上的个人。不过，也不等于健三的人生忽而就会发生很大的变化。或许仅看表面，依然是旧事的重复而已，但自性实现的过程已经开始。因为岛田的出现，而不得不吃了好多路边野草，也可以说，正因为这样健三才开始走上"自性实现"的道路。

（引用自岩波文库《道草》）

后记

　　中年是一个充满魅力的时期，强烈的二律背反原理支撑着这个时期。男女、老幼、善恶，真要数起来，简直不胜枚举。如果我们集中关注一下稳定与不稳定的这一轴线，中年时期给人的感觉就是看上去趋于稳定、但内部却隐藏着一触即发的不稳定危机。

　　某一次心理学研讨会的主题是中年问题，我也去参加了。从职业、家庭、社会地位等角度出发做了很多调查工作的学者，强调了中年时期的"稳定"；另一方面，研究中年人深层心理的学者则强调了中年的"重大危机"。可以说，现实中这两方面都是正确的。

　　正是出于这个意义，《月刊 Asahi（朝日月刊）》编辑部的中村谦和坂本弘子二位策划并极力促成这本讨论中年危机的书籍出版。笔者比较喜欢读儿童文学，不大热衷于读面向成年人的小说，所以一开始不是很有积极性。但抵不过二位整整一年热心的劝说和周到的准备工作，只好说服自己，接下了这个任务。一旦着手，究竟选什么样的文学作品，成了决定胜负的最重要因素。这时候承蒙国际日本文化研究中心副教授铃木贞子相助，给我推荐了要读的小说。就像《前言》中讲到的那样，在这当中全凭自己的主观判断挑选了本书各章节的文学作品。

本书的主要内容连载于《朝日月刊》的1992年1月号至12月号，成书时作了必要的修改，追加了《前言》并重新排列了顺序。连载中，承蒙修司用他的画装饰版面，给了我很多的鼓励。每次猜想着"这次修司会给我画什么画呢"是一件非常愉快的事情，也时不时地成为我能够连载下去的动力。这次出书更是拜托修司担任了装帧工作，在此深表感谢。

儿童文学，是通过孩子们明澈的目光看世界，并且直率地表达出所见，所以很容易看到人生的本质，写有关儿童文学的文章对我来说不大辛苦。但转到"成年人"的文学方面，有各种各样的修饰，混杂着各种各样的其他因素，很难一下子找到本质所在，而且所谓本质也经常错综复杂。仔细想想，修饰、杂乱但还能看到本质，这不正是人生吗？我在心理咨询室日常性地体验着所谓"心理的构造""错综复杂的人际关系"，所以即使文学作品很绝妙地表达出这些，我也很难感动。结果就只能按照自己的喜好挑选作品，想到什么写什么了。仅仅是按自己的想法在写，对作家、对作品来说，是不是有些失礼呀。关于这一点，还请各位多多宽容。

本书在出版过程中受到朝日新闻社书籍第一编辑室的矢坂美纪子女士的多方关照，在此表达我由衷的感谢之情。

1993 年 2 月 1 日

河合隼雄

卷末随笔—成年人　养老孟司 一

见到河合先生，总是有一种"成年人"的感觉，可能因为我内心有着"孩童"的一面吧，但原因好像又不仅如此。这里说的"成年人"，引用《广辞苑》[2]中的例子来说，相当于"乙名百姓"的感觉，意指"中世、近世时期村落中积累了丰富经验的代表人物或者实力人物，长者"。夸张一点说，河合先生就像是"日本的长者"。

每个人生活的时代、地域千差万别，河合先生的年代以及京都的风土人情，都是容易造就百姓代表人物的良好土壤。同年代的京都大

1 养老孟司：1937年生。日本医学家、解剖学家，东京大学名誉教授。医学博士。活跃于对现代社会的思考与批判领域，以束缚现代人自由思考的因素为基础，剖析战争、犯罪、教育、经济等各种社会现象。代表作《バカの壁（傻瓜的围墙）》至今畅销450万册以上。

2《广辞苑》：岩波书店出版的收录25万词的中型辞典，丰富的古典作品例句为其特点之一。

学还有数学领域的森毅[1]先生，又是另一类型的百姓代表。跟河合先生一样，每次见到森毅先生，我也有同样的感觉。

再看看关东地区[2]，感觉好像很难产生这样的人物。其本质可能因为关东总给人那么点儿缺乏层层重叠式文化构造的感觉。关东人，无论怎么有钱，基本上残留着穷人的癖好，行事总是有些粗鲁而且一点不含蓄。战争的时候，据说京都人看着被空袭烧成一片火海的大阪，哀叹道："从东京开始的战争，终于走到这一步了。"我自己随着年龄的增加，渐渐感觉到日本也是很宽广的，特别是关东和关西[3]的差异，依

---

1 森毅：1928—2010 年，数学家，京都大学名誉教授。毕业于东京大学数学系，后任京都大学副教授、教授至退休。研究教学之外，积极关注社会问题，成为一般社会广为熟知的京都大学名人教授。

2 关东地区：现一般指东京都及附近的神奈川、埼玉、群马、栃木、茨城、千叶六县。

3 关西地区：现一般指以京都、大阪、神户都市圈为中心的区域，包括京都府、大阪府、兵库县、奈良县、滋贺县及和歌山县。

旧相当显著。

　　说起关东的小说家，我的脑海里马上浮现出三岛由纪夫、石原慎太郎、深泽七郎等，无论怎么想，都觉得这些人身上的什么地方有着非文化的气氛。要说与河合先生相反的存在，以前上演的电视连续剧《寒风中的纹次郎》就是个例子。可要说明哪里跟河合先生是相反的呢，又不怎么能说得清楚。硬要解释的话，纹次郎是一个回避一切冲突、绝对不想惹是生非的人，可不管走到哪里无论是精神还是身体都注定会被卷入麻烦事当中。反过来，河合先生职业性地要深入参与到患者的身心当中，但在自己内心好像演绎着纹次郎的角色。"纹次郎"具有关东特征的性格，说白了，关东人再怎么扭曲、纠结，也就是纹次郎这种水平了，这一点看上去跟美国文化倒是挺合拍的。想想也是，江户形成城市也就400年。虽说比美国的很多城市还古老一些，但只能说是五十步和百步之别吧。京都有上千年的历史，这么一比较，关东保留着"纹次郎"的特征很可以理解呢。

河合先生是读书的高人。潮出版社有一本《書物との対話（与书籍的对话）》（潮出版社），读了就能明白，河合真是把读书升华成为一种艺术。

我一直习惯于在横须贺线[1]上读书，这本《中年クライシス（中年危机）》[2]也是在车里读的。越读越有意思，不由得被吸引进去。所以当时的情形还记得很清楚。关于山田太一的《与异界人共度的夏日》部分，实在太精彩了，搞得我完全无心再去读源头的原著。这么绝妙的解说，从某种意义上来说真不太好。如果事先没有读过原著，绝不能读这种解说。我自己当时就不由得在心里嘀咕：要是山田的小说根本没有解说讲的那么精彩，可怎么办？

---

1 横须贺线：日本铁道公司（JR）连结东京、镰仓、横须贺的线路。

2 本书初版时的书名为《中年クライシス》，后改为《中年危机》。养老孟司先生这里提到的在电车中读书，指的是初版版本。卷末随笔是为本次版本所写。

"找到那个Topos，并且在与Topos的关联中定位'我'，那么人就具有了稳固的独特性。到达这个境地，才能够心平气和地迎接仅此一次的人生终点。在衰老和迎接死亡之前，中年阶段需要完成这项重要任务。"

这段内容在我第一次读的时候就深深地印在脑中，但要引用的时候找不到书去哪里了。这里只好按照模糊的记忆写一下大意。在与这段文字相遇之前，我可是根本就没意识到这个问题。仅仅看它对中年的定义，就那么出彩。想不到这一点的人，大概还根本没到中年呢。

关于本间洋平的《家庭游戏》的解说有一个副标题——"野性"，我称其为"自然"。解说中讲到的句型——"这样做的话，就会变成这样"，我在演讲中也经常会谈到。"如果那样做的话，事情就会朝着那个方向进展"，这模式好像跟现代人的生活方式高度重合。读到这里，惊得我差点跳起来：会不会是我从河合先生那里偷来的想法，自己都忘了呢？假设真是这样的话，我想应该能得到这位真正的"成年人"原谅的。

对河合先生的另一个印象，就是他的冷笑话。还有一个人，见面就冷笑话不断，荻野安娜。荻野的冷笑话，真的就是字面上的冷笑话，有点儿关东风格的直线形俏皮搞笑，而河合的冷笑话，就有落语[1]中的打诨结语的气氛，每一个冷笑话基本上都有一种叙事故事的构成。说起冷笑话，河合才是大师吧。为什么他这么爱说笑话呢？我嘀咕着："这个人的内心是不是很悲观啊？"马上，边上就有熟人接话了："肯定是的。看他做的那种工作，多辛苦啊！"

---

1 日本的一种由一人演出的大众滑稽曲艺，类似中国的单口相声。

解说—中年危机和叙事　河合俊雄—

就像在前言中已经说到的那样，本书的每一章都选取一个日本文学作品，并聚焦于其中涉及的中年问题。从这个意义来说，这本书既不是系统地讨论中年时期及其心理问题的专著，也不是文学作品的解说书。那么，这本书究竟基于什么样的方法论、其魅力又在哪里呢？

河合隼雄以及我本人都是以心理治疗为自己的专业，对于心理治疗师来说，深度探讨某一个特定心理治疗过程的案例研究及案例研讨会，是非常重要的研究方法。从事之初始说起，还是河合隼雄提议改革，在心理学学会上导入了至少用一个小时的时间详细介绍治疗过程、然后与会者进行一个小时讨论的方式，改变了

---

1 河合俊雄：河合隼雄先生的长子，临床心理学家，京都大学教授。

原来在受限的短时间内仅仅发表研究结果的模式。也就是说，在心理治疗领域，客观地学习某些现成的方法、观点，基本上没什么效果。把自己代入某个当事人、某个治疗者叙述的特定人生故事中，倾心聆听、共鸣，学习进程才算开始，才能有后续的学术进步。显然这种情形具有显著的个体性质，但并不妨碍与普遍性相通，或者说反倒具有众多不同旋律交织、互相回应的精彩。这时候，如何感受到个别事例中细节的震撼效果，并且能给出什么样的解释，都是非常重要的。在现实中仅仅套用理论，时常得不到期待的效果，把握住个别的故事才是关键。所以，对河合隼雄来说，"叙事故事"是一个非常重要的关键词。

河合隼雄非常擅长理解每个人特定的叙事故事，进而阐明其意义，给出建议，将各种形式表达出的故事语言化。因此可以说，本书就是河合隼雄对十二个故事给出了自己的解释，其中融汇了个人的人生经验以及长年在临床领域实际工作的体验，给我们提供了难能可贵的解读和视角。每一个小说的世界，加上分析和诠释，实在引人入胜。我们如果能把自己的人生体验也代入进去，读这本书时就更加有意思了。

本书的主题是中年，书中也确实以这个视点为中心在展开。但有时循着特定小说的情节展开，中年这个题目就变得不那么重要了，或许出现了另一个更加重要的问题。比如说第四章大江健三郎的《人生的亲戚》中，Mari 惠的大儿子有智能障碍，二儿子因为交通事故而下半身不遂。在这个事例中，河合隼雄视"Mari 惠之殇"为"现代人的伤痛"，也就是说，分别具有头脑和身体残障的两个人，表现出现代人"头脑和身体的割裂，统合是一项非常困难的人生课题"。

这么分别来看各个独立的论点无疑都非常有趣，但想要搞明白贯穿本书的要点是什么，就有点困难了。仅仅谈我本人的看法，认为贯穿本书的要点是第一章夏目漱石的《门》中出现的"潜在的 X"。夫妇之间的问题，到底因为谁做了什么不好的事情，才走到这一步的？河合隼雄对这样的思考模式，提出强烈的异议。这才有了"X"。

"按照'原因—结果'的模式作逻辑推理，或者按时序排列找到先后关系，其实都无法触及内在问题的本质所在。在结为夫妇的瞬间，一个看不到清晰面目的 X 就潜伏下来。非要揪出一个原因的话，X 可以称为原因吧。"

这在大江健三郎的《人生的亲戚》中，以无法命名的"这个"和"那个"的形式出现。在《人生的亲戚》中，主人公 Mari 惠的两个儿子，有智力障碍的大儿子和因交通事故下半身不遂的二儿子，都自杀了。文中把失去儿子的痛苦，用"那个"来表示。河合隼雄把这件事与弗洛伊德称为无意识的"那个"联系起来，给出自己的见解。本书正是描绘了与这种说不清楚的东西苦苦争斗的中年以及人生，并在最后一章漱石的《路边草》中，以"藏在自己的人生背后，把不可忍受的事情强加给自己的究竟是谁？"的质问作为最终的收获。

谁也说不清楚的东西主要出现在以夫妻关系为中心的人际关系中，这一点涵义颇深。这东西对自己来说，既是异端，也是他人。但是，一旦这个他人出现在眼前，必须有一定程度清晰的自我存在。因此，河合隼雄把中年定位为"把目光朝向自己的时代""发现自我"。这是与一种能把"我"包容进去的地方发展出重要关联的"场所"（第九章）。在梦幻能中，前半场游访各国的僧侣在某个地方遇到什么人，与后半场主角的舞蹈均以同样的地方为舞台，无一不宣示着"场所"的多重性。作为临床心理学家而苦斗一生的河合隼雄，剥茧抽丝地给我们解读与人生之谜搏斗的过程，其内容无疑有着超常的魅力，时不时地让人惊叹。本书的很多例子，说不清的 X 都出现在夫妻关系中，让人感觉到其中饱含了作者在临床心理治疗中竭尽全力应对与当事人之间的"迷之 X"的切身体验。

　　但是即使这样，我们还是能够感受到作者在这里遴选的小说以及河合隼雄自身的时代性。河合隼雄在西方学习了荣格心理学，其中涉及人生后半段的目标的概念很容易理解。它是一种结合，时常可以理解为"与无意识领域中出现的异性意象的结合"。或者可以说，人生的前半部分，不受无意识的束缚，意识领域的自我实现了现实中的成功；进入人生后半段，自我再度与无意识发生关联，以到达深层意识中真正的"自性"。但河合隼雄在日本从事心理治疗的过程中，慢慢体验到，所谓"自性实现"并没有这么单纯，目标也无法实体化。本来日本人就不擅长黑白分明的表达，所以更搞不清楚自己到底该面对什么战斗，也弄不明白路的尽头到底是什么。于是，就出现了"潜藏的 X""这个和那个""究竟是谁?"等等。也就是说，没有清晰的目标，走在摸不着头脑的迷宫中。

但正像强调"我""自己"以及"场所"那样，依然存在一个"定点"，让我们在迷宫中还是能够摸索着前进的。这与可能连"定点"都不知搞到哪里去的现代还是有着巨大的差异。生活在现代，好像很多人丢失了确定的"自己"。比如说在网上可以用一个与自己毫无关联的网名，年龄性别也早不是不可逾越的。因此，当我们很容易能变成另一个自己时，探求自我就显得毫无意义。

丢失自己的同时，与周围的固定关系也容易弱化。就像村上春树很多作品中的主人公一样，总是跟女朋友分手呀、离婚呀。形成对照的是，这本书中所选的作品很多都有这样的特征：主人公在关系好像要断的情况下，又能够找回原来的联系。比如说第三章广津和郎的《神经病时代》中，主人公铃本决心离婚、重新出发时，正巧妻子よし子（Yoshiko）告诉他自己怀孕了。小说到此为止，但两人最终好像并没有分开。佐藤爱子的《无风的光景》中，信子开始挣脱束缚、一直闹着要离婚，但在与年轻的浩介逾越最后防线之前收住了脚步，回到与丈夫的关系中去。用否定的观点来看这些，人们好像都无法挣脱现实中的束缚，被既存的关系捆绑着。用肯定的眼光来看，这里依然存在着能够包容整体的"场所"。因而即使还脱离不了看不见的束缚、纠葛，却正因为存在着可以包容这一切的场所，作品中的人生心理戏剧才得以深化。这与心理治疗总是严格界定时间和场所有着相通之处吧。

总感觉现代的人们不仅渐渐丢失了自我，甚至渐渐在丢失"场所"。因此就像"巡礼热潮"所彰显的那样，产生了很多能够寻求"场所"的行动。这似乎可以说明，如果没有了某种形式的"场所"，我们也就失去了自己吧。

形成本书的各个章节都曾经在1992年的《朝日月刊》连载过。随后的1994年，河合隼雄作为普林斯顿大学客座研究员，在那边遇到了村上春树。每日面对着近代人的纠葛，并放眼后现代和中世纪的河合隼雄，遇到了从"脱离接触"的世界向《发条鸟编年史》的"重建关联"移动的村上春树。这次相遇、交汇，结出了《村上春树，去见河合隼雄》[1]的果实。村上春树初期作品中尽可能不与他人、社会发生关系的"脱离接触"的主人公，开始像《发条鸟编年史》中那样，一边与社会的黑暗、既成系统作战，一边拼尽全力寻找丢失的妻子，寻求与外界的关联。就像在自己的著作中经常肯定性地谈论《发条鸟编年史》《海边的卡夫卡》表达出的那样，河合隼雄在内心对当时的村上产生了共鸣。与此相比，描写了近代人纠葛的本书，可以说是其前夜，能看到作者在面对中年问题时受到书中引用的近现代小说的影响也很深。

（河合俊雄　临床心理学家，京都大学心灵未来研究中心教授）

1 中文翻译版本见东方出版中心，河合隼雄、村上春树著，吕千舒译，旭子校。

图书在版编目(CIP)数据

中年危机/(日)河合隼雄著;李静译.—上海:
上海三联书店,2024.10
ISBN 978-7-5426-8548-3

Ⅰ.①中… Ⅱ.①河… ②李… Ⅲ.①中年人-心理
学 Ⅳ.①B844.3

中国国家版本馆 CIP 数据核字(2024)第 111521 号

中年危机

著　者 / [日]河合隼雄
译　者 / 李　静
策　划 / 李　静
校　译 / 李晓理
责任编辑 / 杜　鹃
装帧设计 / ONE→ONE Studio
监　制 / 姚　军
责任校对 / 王凌霄
出版发行 / 上海三联书店
　　　　　(200041)中国上海市静安区威海路 755 号 30 楼
邮　箱 / sdxsanlian@sina.com
联系电话 / 编辑部:021-22895517
　　　　　发行部:021-22895559
印　刷 / 上海盛通时代印刷有限公司
版　次 / 2024 年 10 月第 1 版
印　次 / 2024 年 10 月第 1 次印刷
开　本 / 787 mm×1092 mm　1/32
字　数 / 122 千字
印　张 / 9.25
书　号 / ISBN 978-7-5426-8548-3/B·909
定　价 / 59.00 元

敬启读者,如发现本书有印装质量问题,请与印刷厂联系 021-37910000